理想的家

精细化家居设计全书

王恒　著

江苏凤凰科学技术出版社 · 南京

图书在版编目（CIP）数据

理想的家 ：精细化家居设计全书 / 王恒著.
南京 ：江苏凤凰科学技术出版社，2025. 5. -- ISBN
978-7-5713-5253-0

Ⅰ. TU241

中国国家版本馆CIP数据核字第2025PW2480号

理想的家　精细化家居设计全书

著　　者	王　恒
项目策划	王宇涵
责任编辑	赵　研
责任设计编辑	蒋佳佳
特约编辑	王宇涵

出版发行	江苏凤凰科学技术出版社
出版社地址	南京市湖南路1号A楼，邮编：210009
出版社网址	http：//www.pspress.cn
总　经　销	天津凤凰空间文化传媒有限公司
总经销网址	http：//www.ifengspace.cn
印　　刷	雅迪云印（天津）科技有限公司

开　　本	710 mm×1000 mm　1 / 16
印　　张	11
字　　数	176 000
版　　次	2025年5月第1版
印　　次	2025年5月第1次印刷

标准书号	ISBN 978-7-5713-5253-0
定　　价	78.00元

图书如有印装质量问题，可随时向销售部调换（电话：022-87893668）。

前言

我们每年接手的项目类型有很多种，但住宅项目一直是我们的主攻方向，也是我本人特别感兴趣和乐于研究的方向。

我们观察到：现在的年轻人在购房时，会受自身收入的限制，同时他们也会考虑日后抚养孩子、赡养父母等问题；而网络时代的到来，还新增了网购和外卖等新需求。总之，如今的生活方式和过去 20 年的有着巨大的差距。

带着对当下居住需求的思考和洞察，我们开始了全新的探索。我们希望从建筑的角度入手，从根源上解决居住中存在的矛盾。如何获得更大的使用空间，如何处理人和建筑之间的关系，如何让人在现在的生活模式里获取更多的便捷，如何对接互联网时代的需求，在这本书里我们都给出了探索性的答案。

虽然现在大家普遍追求生活的品质，关注家具的造型，但也更重视空间的构成。当整个住居空间达到布局合理、动线流畅的状态时，才有可能给生活带来肉眼可见的变化。

房子既是空间内部对话的载体，又能体现个人与社会的关系。在当今这个科技发展迅猛的时代，我们必须紧跟时代步伐。正如我们所提倡的“打破常规，不如在常规下细致入微”。生活的本质，是在基础功能上的体验和感受。

设计来源于生活，也服务于生活。无论时代如何发展，我们会始终直面每一位业主的需求，并努力解决问题，助力家庭生活幸福。

最后，希望这本书可以对相关从业者和感兴趣的读者有所帮助，谢谢大家。

王恒

2025 年 3 月

目录

1 住居空间的精细化设计

2 住居空间的设计原则

3

住居空间的应用案例

1 住居空间的精细化设计

1.1 玄关

你会不会有这样的烦恼？进门后地上到处是歪七扭八的鞋，每天都要收拾；出门时需要的各种物品随手摆放；没有在玄关提前布置足够的空间。本节讲解玄关处的精细化设计，让你轻松实现玄关收纳自由！

【设计要点 1：基本功能是首位的】

玄关布置由户型情况、使用需求决定。如果玄关空间实在太小，则可以适当删减功能区、缩小家具尺度等。

我们回到家中，会在玄关处脱下鞋子，换上家居鞋，随手放下钥匙、包包，最后把衣服挂好，完成无尘入户。

【设计要点 2：玄关的常见布局】

1. 开门见转角

转角式玄关，几乎与室内环境完全隔离开，还有较大的空间可供设计师发挥。

① 如果转角空间比较大，那么可做 L 形玄关柜，增大储物空间。

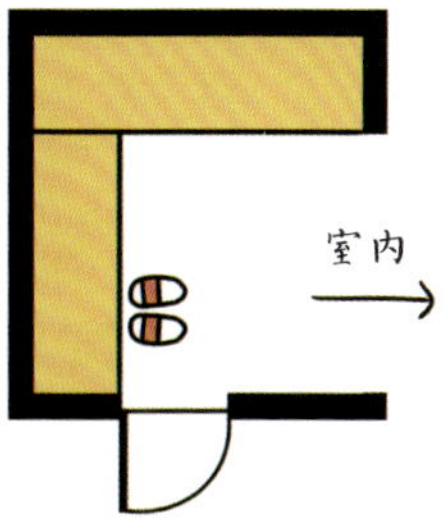

② 如果转角空间比较小，在视觉上可能会给人一种无形的压迫感，可利用过道的位置做玄关柜，弱化这种压迫感。

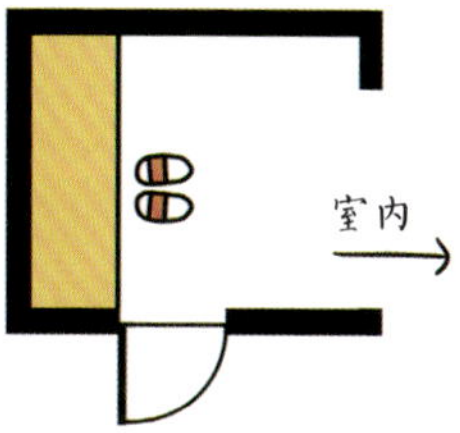

2. 开门见走廊

走廊式玄关，原过道宽度通常不小于 1200 mm（本书图中所注尺寸，除标注外，单位均为毫米），可以做靠墙式玄关柜。

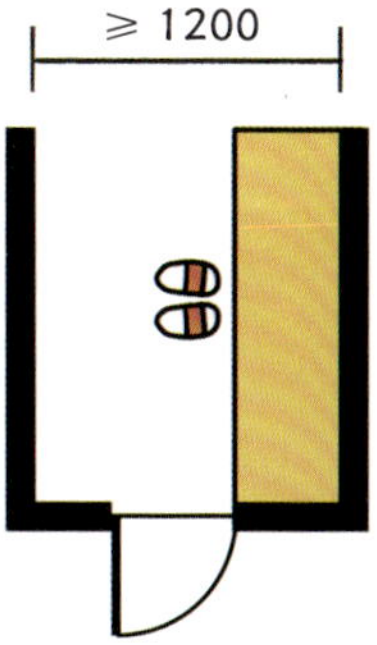

如果走廊较窄，可以从两个方向解决问题：

① 做嵌入式玄关柜，这样不但不会浪费走廊的面积，而且柜子可与墙面齐平，整体感更强。

② 如果墙体不可改动，没有足够的深度和宽度放置鞋子，则可以利用不占位置的小鞋架放置经常穿的鞋子，用折叠换鞋凳和简易挂钩或洞洞板实现基本的收纳。

3. 开门见客餐厅

“开门见山”式玄关，入户便是客厅或餐厅，缺乏隐秘性，家里的摆设一览无余。

① 若客餐厅平行设置于入户门一侧且入户门向内开，为避免影响门的开合，玄关柜应设置在开门方向的另一侧。

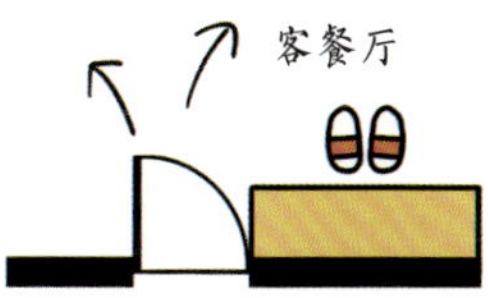

② 若客餐厅分别位于入户门的左右两侧，同样是连在一起，需要在较开阔的一侧垂直放置玄关柜。

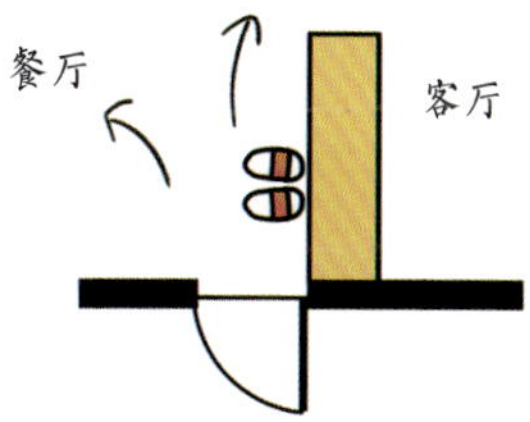

③ 进门就是墙，玄关柜应设置于入户门正对面，还要保证有充足的过道空间。通常玄关柜与门的距离应保持在 1200 mm 以上，最小不能小于 1000 mm。

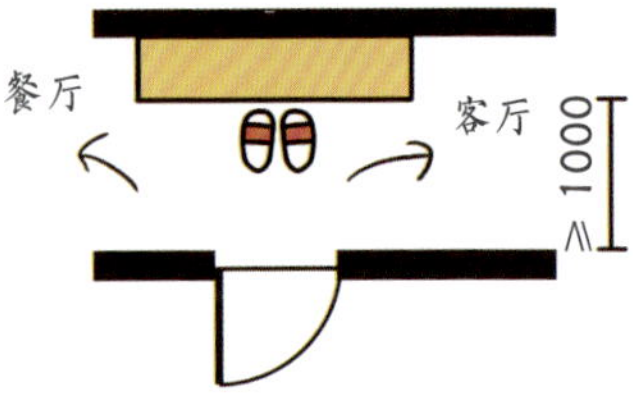

【设计要点 3：玄关柜的基本组成】

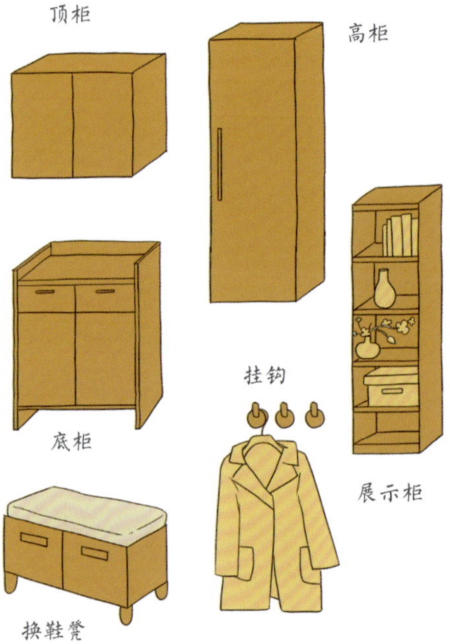

① 顶柜：放置不常穿的鞋子。

② 底柜：收纳外出及家居鞋，可配抽屉，收纳卡包、护理鞋用具等。

③ 高柜：大容量首选，也可做挂衣区，配置穿衣镜。

④ 展示柜：根据藏品高度设计层板高度。

⑤ 换鞋凳：换鞋时不用“金鸡独立”，方便老人、小孩使用。

⑥ 挂钩：钥匙、雨伞、外套、围巾、帽子……统统都可以挂起来，拿取方便。

玄关柜关键元素按重要性排序依次为：底柜、挂钩、换鞋凳、高柜含穿衣镜。

大家要根据玄关的面积来定制玄关柜，务必保证玄关柜的收纳功能，再去增添其他功能。

【设计要点 4：玄关柜的尺寸设计】

运动鞋、皮鞋、皮靴、拖鞋等不同种类的鞋子高度不一，即使高度相同，男鞋、女鞋的长宽也不相同。通过计算家里鞋子的数量，就能设计出不浪费一寸空间的玄关柜。

1. 决定柜体尺寸的因素

① 深度：鞋子的长度决定鞋柜的深度，一般来说鞋柜内部深度为 350 mm 左右（可平放 45 码以内的鞋子）。以家中最大码鞋子的长度为准，连同鞋盒需要 380~400 mm 深，还要确保柜门可以关上。

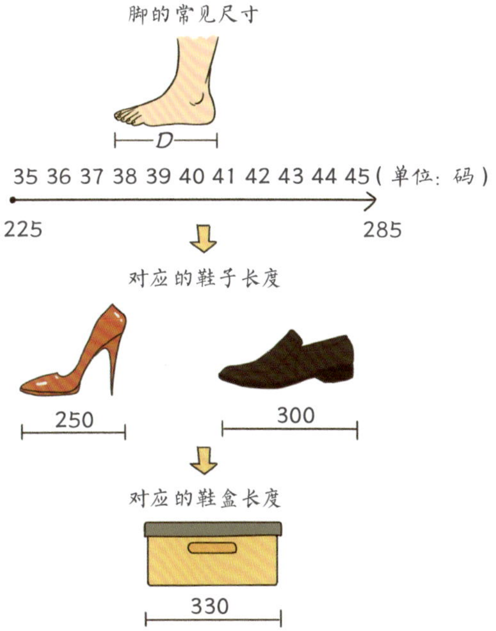

② 宽度：鞋子的宽度决定鞋柜的宽度，取 200 mm 的倍数可以充分利用空间。

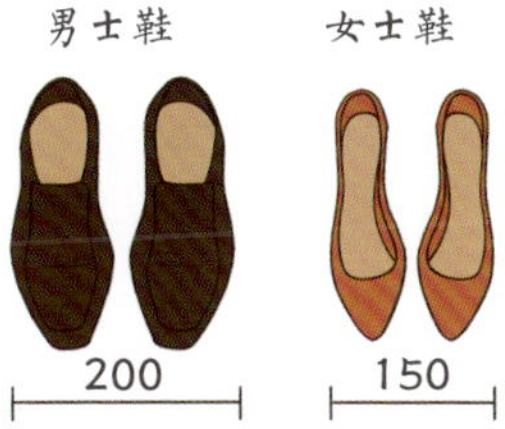

③ 高度：一般是 2200~2400 mm，最好通顶，既能增加收纳空间，又不留卫生死角。一般来说高度大于 1000 mm 的玄关柜，就能够满足玄关的收纳需求。

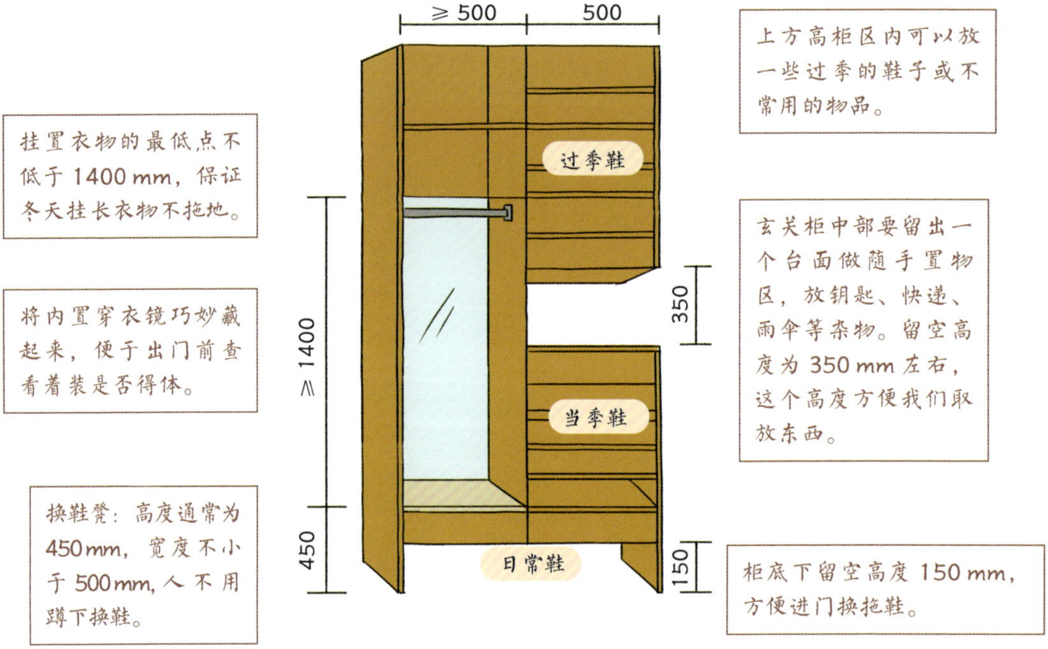

2. 灵活选择柜体样式

（1）巧用活动层板

鞋子的款式比较多，如果统一按照 160 mm 的层板间距，那么无法满足收纳不同鞋子的需求。最好的办法是根据家里鞋子的款式来决定层板高度，建议采用活动层板，不仅实用灵活，还便于后期调整。

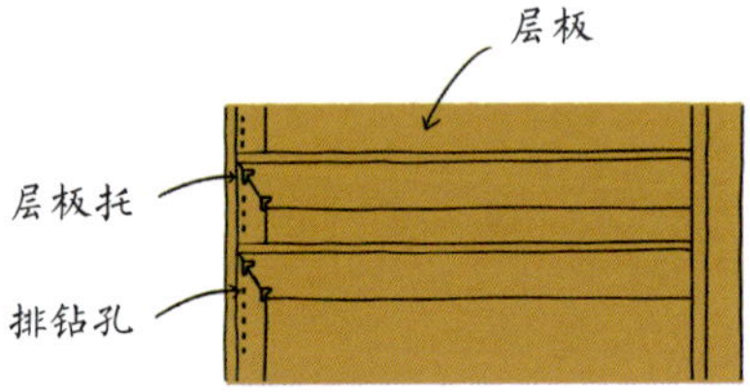

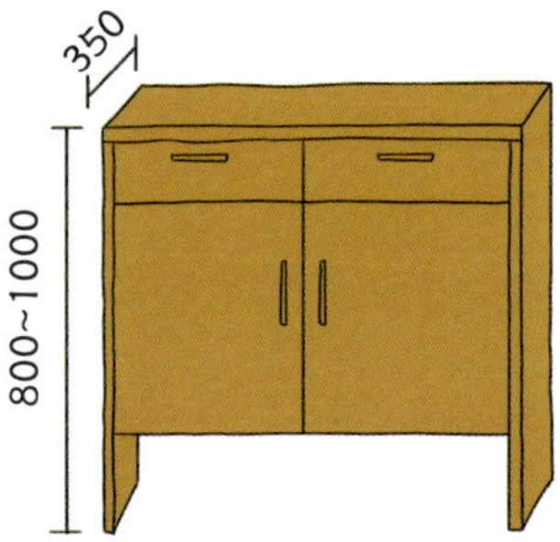

（2）翻斗式鞋柜 / 超薄鞋柜

家里空间小，放不下普通的成品鞋柜怎么办？翻斗式鞋柜是个不错的选择，斜式层板深度最窄可以做到 200 mm，这样就可以通过斜放的方式收纳鞋子了，不过这对女士的长靴不太友好。或者打造深度为 250 mm 的超薄鞋柜，比常规鞋柜深度小了不少，但“脚掌宽度”，也就是鞋柜宽度并没有减少。还可以把鞋子侧放，根据鞋子高度使用活动层板，灵活调节收纳空间。双层鞋拖架高度可根据鞋子的高度调节，使鞋柜内收纳空间翻倍。

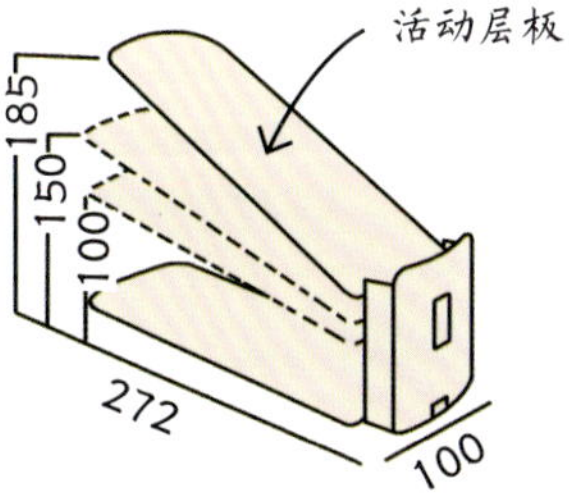

（3）次净衣柜

如果玄关空间足够充裕，那么可以做成比较深的次净衣柜，进深为 600 mm，再厚的衣服都可以放进去，挂衣区最高点可根据业主身高来确定。裤子长度为 800~950 mm，上衣长度为 850~1000 mm，冬天长款羽绒服的长度不会超过 1400 mm。所以挂衣区高度为 1400 mm 就足够了。

3. 预留空间

玄关处换鞋子动作较多，考虑家人弯腰所占用的空间尺寸，以及脱外套时不会碰到周围摆件，玄关柜前至少要预留1200 mm × 1200 mm（长 × 宽）的过道空间。

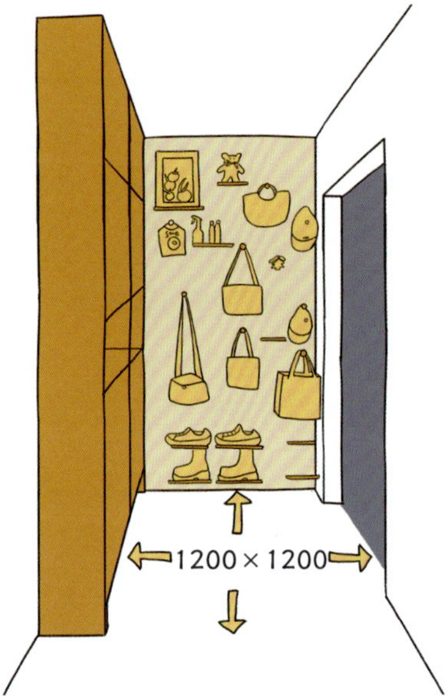

小知识：入户的收纳逻辑

高频使用物品的存放原则

① 易取易放：高频使用的物品应存放在易于取放的位置，比如鞋柜的常用鞋位、挂钩上的常用包包等。

② 固定位置：为每个高频使用的物品设定固定的存放位置，这样可以节省寻找时间，提高生活效率。

低频使用物品的存放原则

① 隐藏式收纳：可以将低频使用的物品存放在隐藏式收纳空间内，比如玄关柜的高处或抽屉内，这样既能保持玄关的整洁，又能避免灰尘和湿气对物品产生影响。

② 标签标识：为低频使用的物品设置标签或标识，方便查找，可以使用标签机、贴纸等工具。

③ 定期整理：虽然低频使用的物品我们不常取用，但仍需定期整理。检查物品的完好程度，及时清理不再需要的物品。

1.2 客餐厅一体

客餐厅是人们日常生活中活动最为频繁的区域，这个让大家都待在一起的地方，可以说是整个屋子的核心。随着人们生活方式的改变，客厅功能也在改变，居住的实用性成为设计的先决条件。

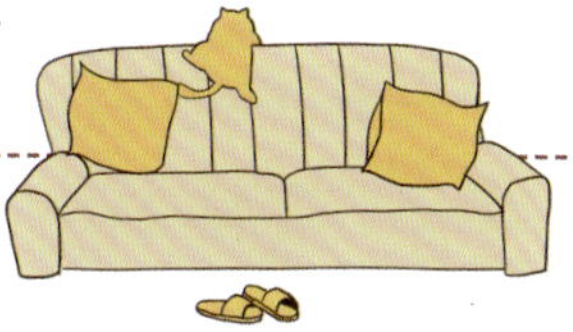

【设计要点 1：空间扩容术让房子大起来】

在之前传统的客厅布局中，各个功能区域比如观影区、会客区、阅读区等各自独立，空间划分明确，房子就像由一个个方格组合而成。

如今小户型住宅是年轻购房者购买的主力军，“客厅＋”的设计成为空间增容的巧妙策略。随着设计理念的更新和生活方式的变革，现代家居设计越来越倾向于将功能区域融合起来，以打造更为开放、流动的空间。

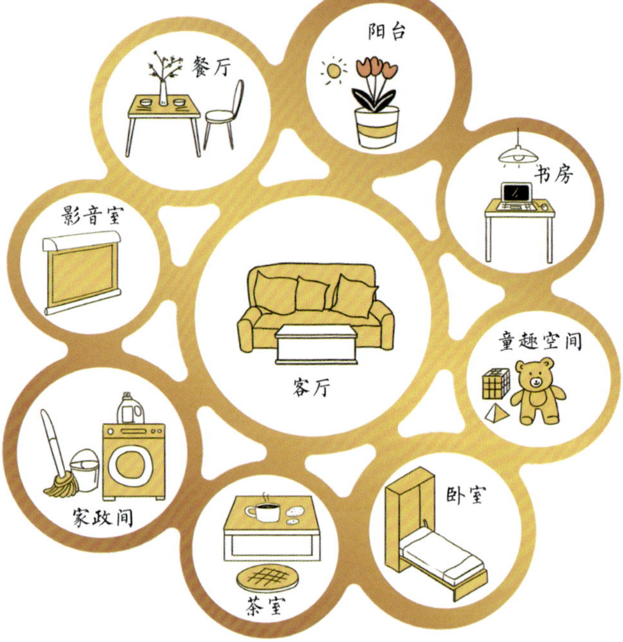

【设计要点 2：灵活的客厅布局】

对于较大的户型来说，客厅作为一个开阔的核心区域，为一家人的共同成长创造了丰富的空间；而对于较小的户型，我们可以巧妙地在客厅中融入其他功能，打造多功能组合设计，从而创造出更加多样化的家庭空间。如今的客厅有以下 8 种组合方式：

1. 客餐厅一体化

客餐厅相连，既增强空间通透感，又赋予空间社交属性，动线也更加流畅。

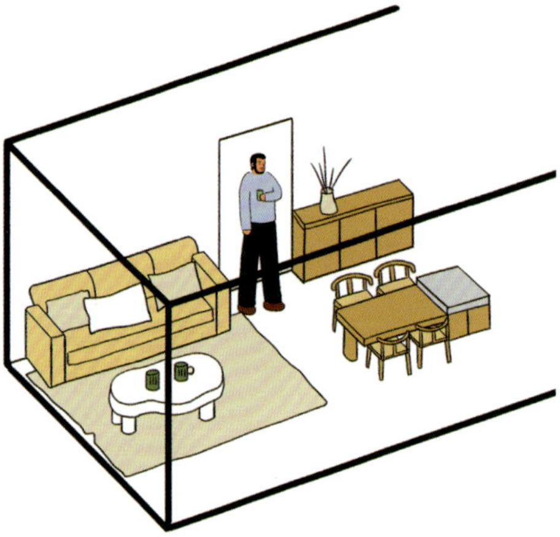

2. 客厅 + 影音室

结合客厅的舒适性和影音室的娱乐性。应让木工提前预留好轨道做幕布盒，轨道里隐藏升降幕布，看电影的时候放下来，平时不用的时候可以收起来，让空间保持宽敞整洁。同时，注意隔声，确保在观影时不会打扰其他家庭成员。

3. 客厅 + 书墙

对于有孩子的家庭来说，书墙是客厅最常见的改造手法，有着很好的教育意义。如果强迫孩子学习，那么孩子会产生厌学心理，应通过巧妙的设计将学习氛围的营造融入空间当中，潜移默化地将知识传递给孩子，让孩子在快乐中学习。

4. 客厅 + 健身房

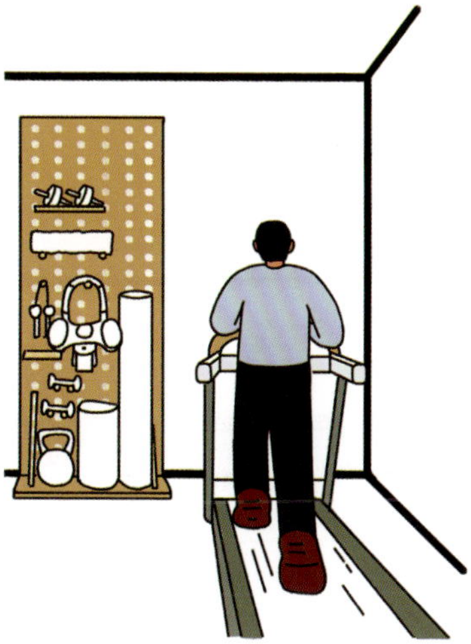

对于健身爱好者而言，拥有一个家庭健身房无疑是生活中的一大幸事。即使需要牺牲客厅的部分空间来打造这个健身房，也是值得的。即便是在客厅中的一个小角落，也能打造健身空间。例如配置洞洞板收纳系统，不仅能节省空间，还能有序地摆放健身器材和所需物品，既实用又美观。

5. 客厅 + 办公区

以工作区为核心，沙发背靠工作桌，休闲区与工作区既相互融合又彼此独立，家人之间的互动在此自然发生。

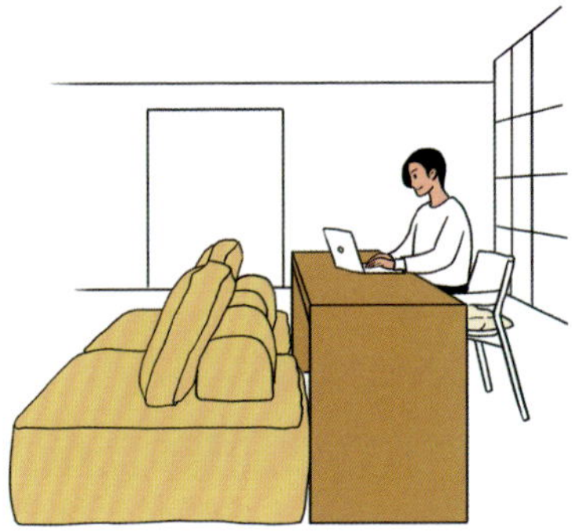

6. 客厅＋阳台

为了打造宽敞明亮的居住环境，有效的方法之一是将阳台包进客厅。在原本的阳台区域直接铺设榻榻米，便能轻松打造出一个多功能休闲区。这个区域不仅适合放松休闲，还能增加收纳空间，提高空间利用率。

7. 客厅＋家政间

将所有与家务相关的工具、物品集中收纳在一起，避免散落到客厅的各个角落，保证空间的整洁。大体积物品，比如吸尘器、拖布、风扇等，其收纳空间的高度最好预留在 1200 mm 以上。

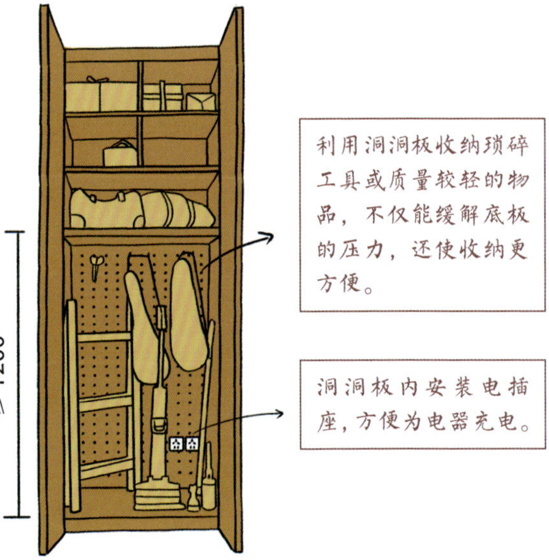

8. 客厅 + 露营

将户外元素融入家居生活，让室内与室外无缝衔接，可以通过引入室内露营的概念来实现。这不仅仅是简单地将户外的物品，比如露营茶几等搬入室内，而是运用户外元素，在室内营造户外的自然氛围，将户外的体验带入室内。这种生活方式不仅有助于缓解压力、放松身心，还能让人们更加关注自然环境和可持续发展。

【设计要点 3：客餐厅的最小家居尺寸】

对于较小的户型来说，过大的沙发和桌椅会占据太多的空间。客餐厅承载着家庭成员间情感交流与构建亲密关系的重任，为了让人与空间实现亲密连接，应选择合适尺寸的沙发和桌椅。

1. 小茶几

大沙发、大茶几是占用空间的很大因素，选择一个简易的小茶几可以让空间感更大一些。

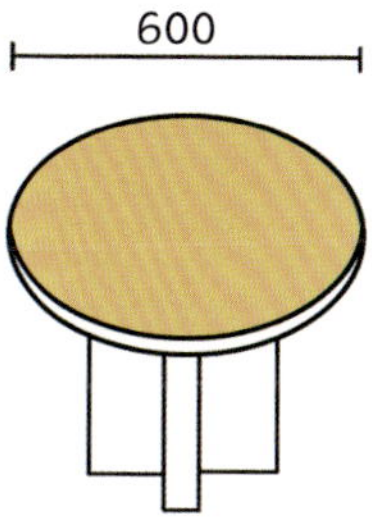

2. 小沙发组合

尽量不要选择又大又笨重的组合式沙发或者多人沙发。如果居住的人口不是很多，则建议选择小巧而精致的沙发，再搭配单人沙发组合。

① 单人沙发最小尺寸：长度为 800~950 mm，深度为 850~900 mm。

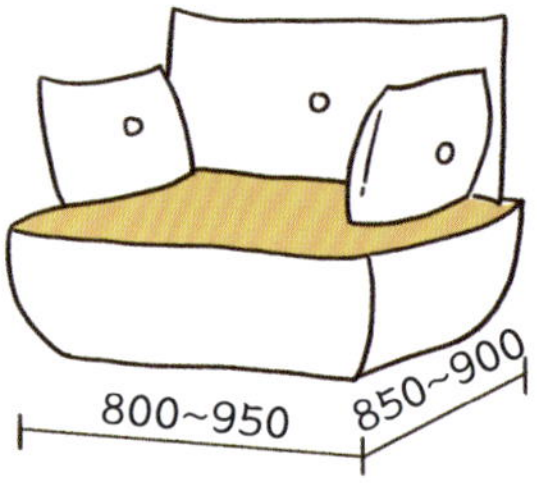

② 双人沙发最小尺寸：长度为 1260~1500 mm，深度为 800~900 mm。

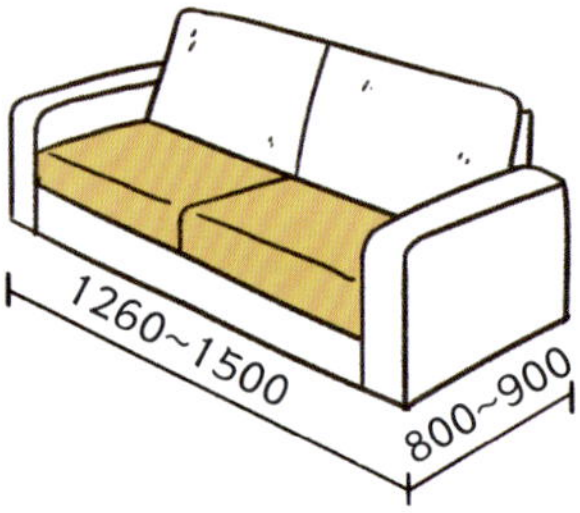

③ 三人沙发最小尺寸：长度为 1750~1960 mm，深度为 800~900 mm。

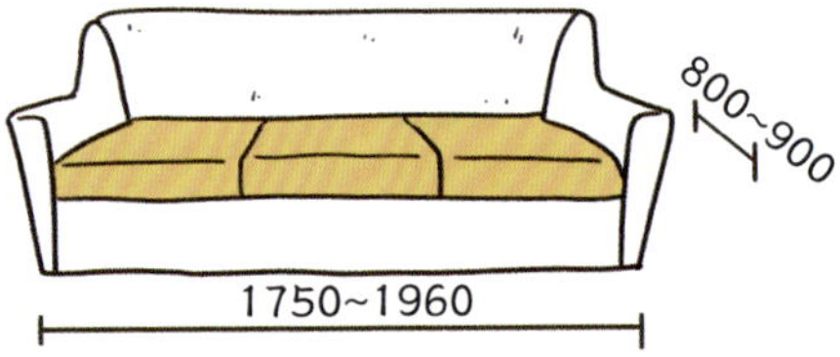

沙发与茶几的最佳距离为 350~450 mm，就座的人能双脚平放，刚好方便一人走动，也不会离茶几太远。这个距离不但便于拿取茶几上的东西，而且腿脚也有活动空间，避免磕碰。

如果客厅的沙发呈面对面摆放时，那么为了确保满足人与人交往时的视听需求，适宜的交往距离为 2130~2840 mm。

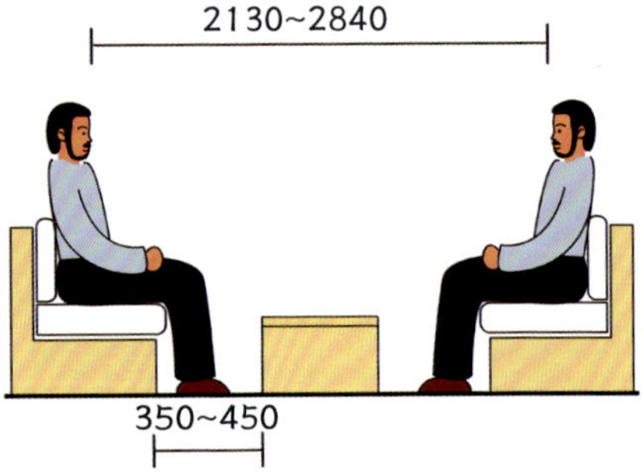

3. 卡座设计

卡座设计在客餐厅中是一个既实用又灵活的选择。对于小户型来说，该设计可以提高客餐厅的空间利用率，其下方还可以作为储藏空间，再搭配可以灵活移动的家具（如折叠餐桌），可以同时作为餐桌椅和沙发。

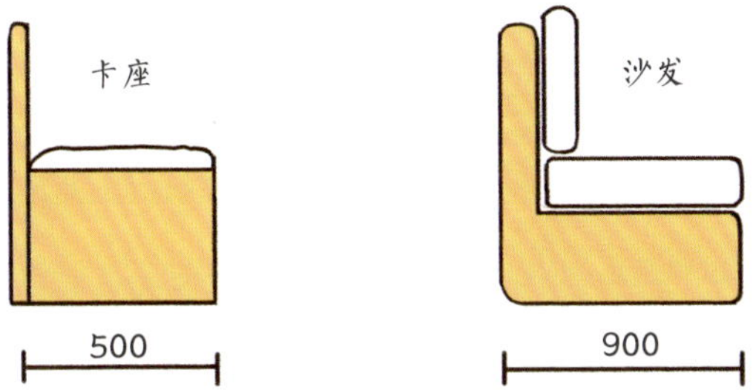

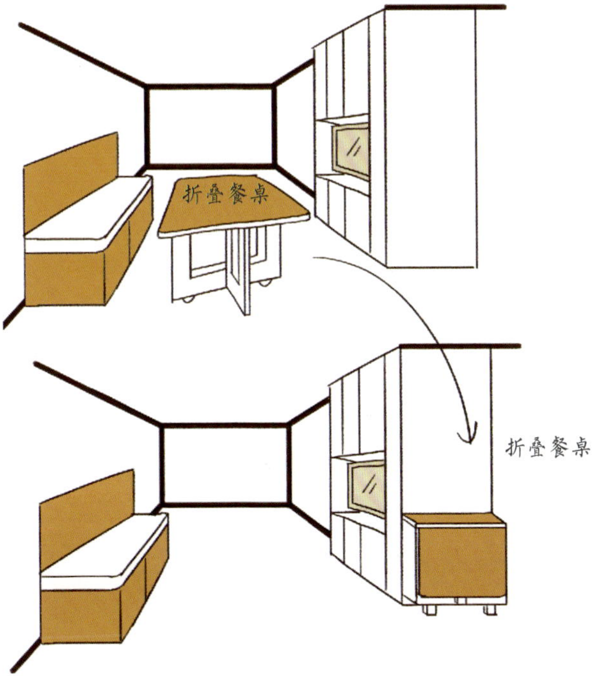

根据人体工程学的原理，长期仰头看电视会对脊椎造成伤害。人坐着的高度在 450 mm 左右，座面到眼睛的高度为 650 mm，因此最适宜的观影高度是电视机中心离地高度不超过 1100 mm，这样就不用仰头看电视了。

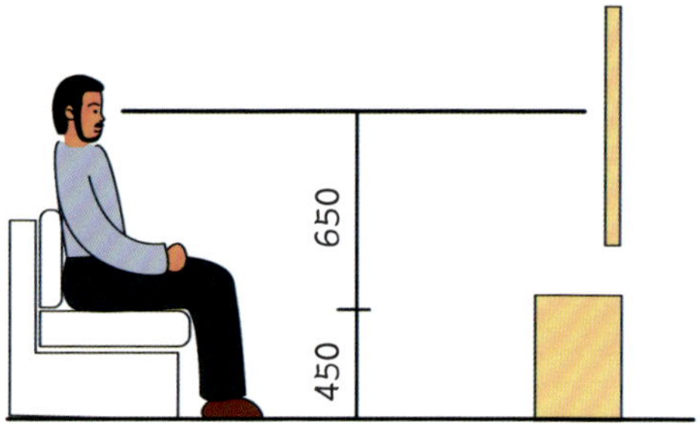

电视机的电源线和信号线位置一定要预留好，不要放在电视机正后方（无法使用），建议插孔位置位于电视机的上边沿或者下边沿，既能让电视机正好盖住插孔，又方便使用。

4. 餐桌

（1）方形餐桌

餐桌长度一般在 1200~2400 mm，适用于 4~6 人用餐。每人占用 600~800 mm 宽，以此判断餐桌长度是否合适，保证人在用餐时，双臂能够自由活动。餐桌宽度一般在 800~1000 mm，若宽度小于 800 mm ，空间就会很局促。餐桌高度一般在 750~800 mm，不用时可以将餐椅塞进桌底，节省空间。

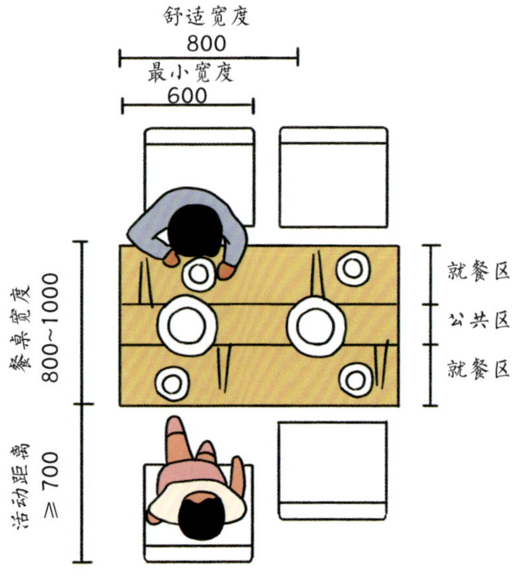

（2）圆形餐桌

餐桌半径一般在 600~750 mm，既能保证夹菜距离得当，又能满足不同就餐人数变化的需求。

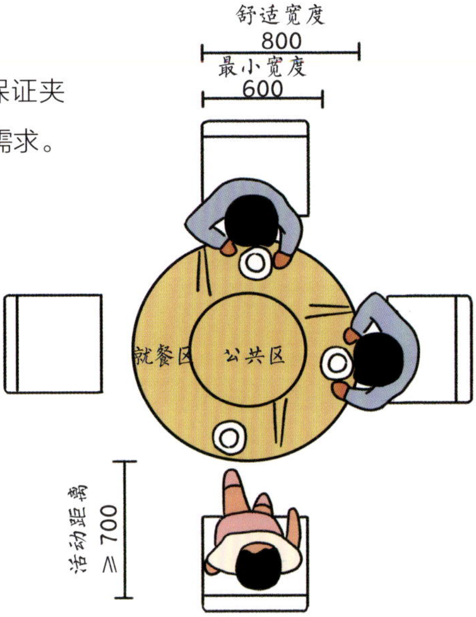

（3）餐椅

餐椅的高度约为 450 mm，深度为 450~600 mm，保证双腿可以自然下垂的同时，椅面到桌底的高度差在 280~320 mm。

餐桌是固定的，餐椅是可移动的。为方便入座，椅背距离字间距桌边至少预留 700 mm 的活动尺寸。靠近过道一侧的座位，人从椅背后通过的尺寸为 450~600 mm，再加上桌椅的深度为 450~600 mm，所以通行宽度至少为 900 mm。

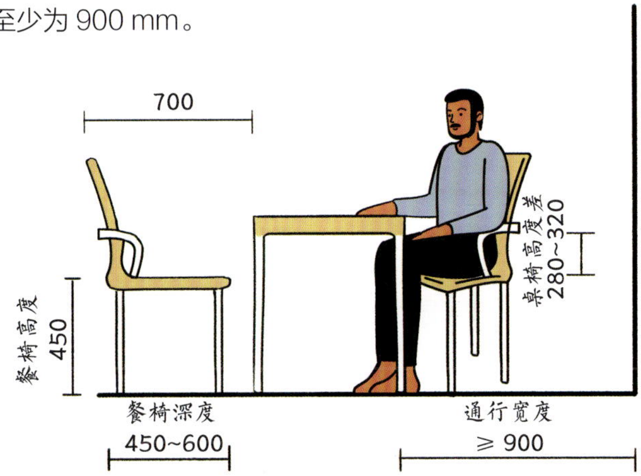

小知识：如何一步步打造幸福的客餐厅

空间功能规划

① 你喜欢在客厅做什么？大部分时间都待在哪儿？如何放松自己，是看电视、读书还是运动？经常有客人来访吗？需要几个座位？你会在客厅工作吗？

② 根据餐厅的面积与结构来选择合适的餐桌，长方形户型的餐厅可以选择方桌；面积较大或偏方正型的餐厅可以选择圆桌。

营造视觉层次

① 如果客厅的净高不够，那么不建议将壁纸贴到顶部，可采用留白的设计手法，在顶部留出约 300 mm 的空间，会在视觉上给人更高的感觉。

② 适度使用重色，重色过多会影响人的视觉感受。

③ 适度留白，一个装饰完美的客厅只存在于家居杂志上，并不存在于现实生活中。

情感记忆植入

① 通过摆放与你有着深刻联系、充满故事性的物品，以及能给你带来快乐与满足感的个人属性鲜明的物件，打造一个充满回忆和独特意义的家，让家更有归属感。

② 在客厅设置一处惊喜角落，可以是一个漂亮的储物柜，也可以是一面便于亲子互动的画板墙。

1.3 厨房

无论是晨曦微露的清晨，还是炎热的午后，抑或是夕阳西沉、暮色渐浓的傍晚，在梦想中的厨房烹饪美食，都能让人尽情享受生活的美好。理想的现代厨房，既需要便于操作，又需要有舒适宜人的氛围，同时还应有合理的储物空间，确保整洁有序。这样的厨房不应被局限在冰冷的门板之后，而是应与整个住居空间和谐相融，见证生活中的每一个美好瞬间，传递温暖与幸福。

【设计要点 1：厨房的常见布局】

从布局形式上看，厨房有 Ⅰ形、Ⅱ形、L 形、U 形、岛形五种形式。另外，开放式厨房也就是将厨房、餐厅和客厅融为一体，深受欢迎。

那就不得不提厨房的“料理三角”——冰箱、烹饪区、水槽之间形成的三角关系，能更大化缩短料理动线。厨房设计要遵守烹饪的基本流程：取菜 、洗菜、备菜、烹饪。住宅设计里最主要的一点就是保证居住者的使用方便，节约时间并缩短动线，减少不必要的操作步骤。

1. I 形布局

操作区和收纳区沿墙呈一字形布局，所有的操作路径都在一条直线上。立管和风道集中布置，能够节约设备空间，对小户型非常友好。

2. II 形布局

操作区和收纳区分别沿两侧对立墙面布置，形成半围合式布局。在大户型中比较常见，过道距离不宜小于 900 mm。

3. L 形布局

充分利用墙面拐角空间打造定制柜。将水槽设置在靠窗台处，将灶台设置在靠墙面处，从而最大化利用空间。这种布局适用于任何尺寸的厨房。

4. U 形布局

收纳区、备餐区、烹饪区呈 U 形排列，这种布局不仅增强了空间的整体性，缩短了操作距离，还能充分利用空间用来放置更多厨具、电器。

5. 岛形布局

常见于开放式厨房，可增加厨房操作区域和收纳区域的面积，同时增强备餐人与他人的互动性，适合对社交需求较高的家庭。为了使厨房不显得拥挤并保证烹饪过程不受影响，岛台四周应与其他橱柜保持 1200 mm 以上的距离，因此适用于 15 m^2 以上面积较大的厨房。

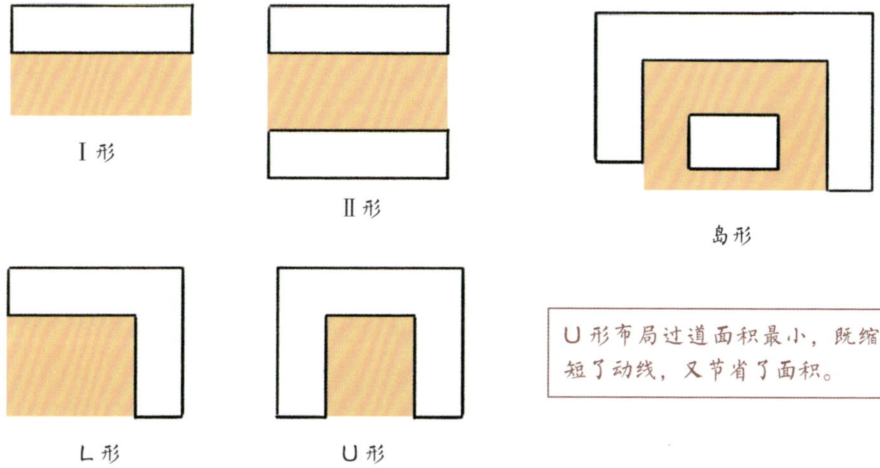

U形布局过道面积最小，既缩短了动线，又节省了面积。

【设计要点 2：厨房功能的延伸——水吧台】

通常，我们进入厨房，大多是为了简单地完成一些日常工作，比如拿取零食、烧一壶水、早上热牛奶和烤面包片，或是清洗水果。那么水吧台就可以满足以上高频使用、单次时间短的功能需求了。可以把烧水壶、咖啡机、榨汁机通通都从厨房搬出来。

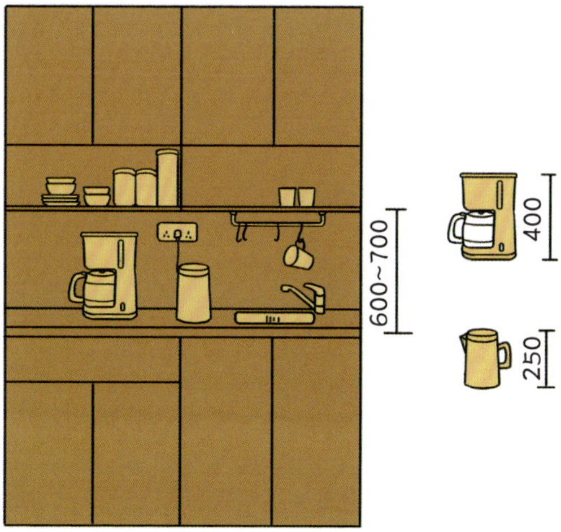

如果安装了直饮水系统，那么与用水相关的日常活动都可以在水吧台完成，无需再频繁地进出厨房。同时，清洗杯子、水果等也变得更为便捷。

【设计要点 3：厨房的尺寸设计】

厨房台面的高度设计很有讲究，为了缓解腰部压力并方便日常使用，常规做法是在厨房设计高低台面。一般灶台高度在 700~800 mm，操作台高度在 800~850 mm。

橱柜最好做到顶天立地，这样上面就不会落灰，不需要经常打扫。灶台与上橱柜之间的距离在 600~700 mm，保证火力的同时，确保不会损伤柜体。具体尺寸如下：

如果想要根据家人的身高定制台面高度，那么有如下公式可参考：

切菜台面高度 = 身高 /2+50 mm。

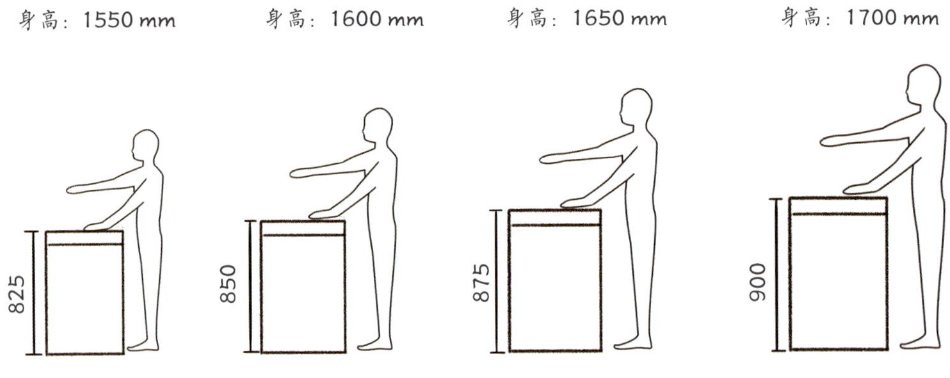

【设计要点 4：岛台属性的变化】

岛形设计需要考虑多个尺寸，如果原户型的厨房布局不适合做中岛，则可以通过户型改造来实现。一些小户型也可以做成岛台式厨房。

1. 厨房传菜口

开扇室内窗，增大操作台面，彻底告别“美食家闷头做饭”的孤单画面。岛台台面宽度为 1095 mm，超宽台面方便日常准备美食。餐桌近在咫尺，同时可作为厨房与餐厅的“过渡带”，制作好美食可随手传递，让食客不再多等待一秒。

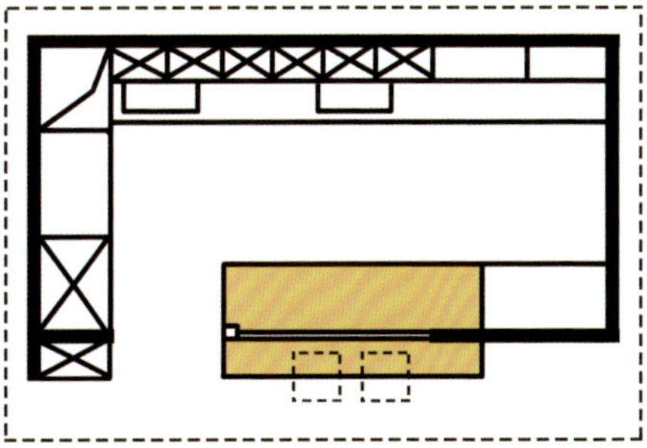

2. 餐岛一体

餐桌高度在 750~800 mm，岛台最舒适的高度在 900~950 mm，可以确保做点心、切水果时不用弯腰。如果想把岛台作为餐桌，通常有三种方式可以解决两者的高差：

① 做高低台，保证岛台高度为 900 mm，将用餐区台面降到 750 mm，让台面适应椅子的高度。

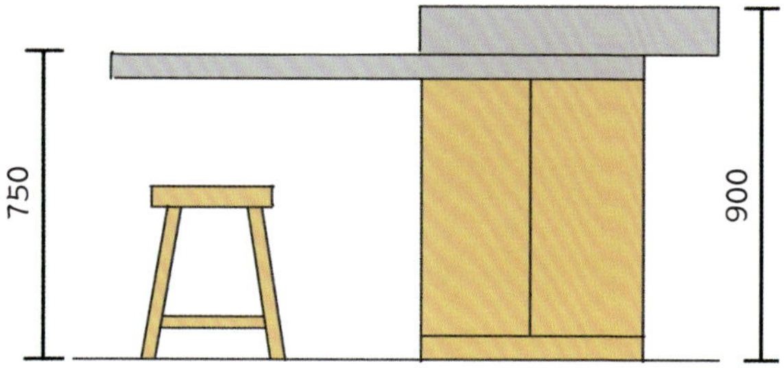

② 坐在高脚凳上吃饭，让凳子适应岛台的高度。

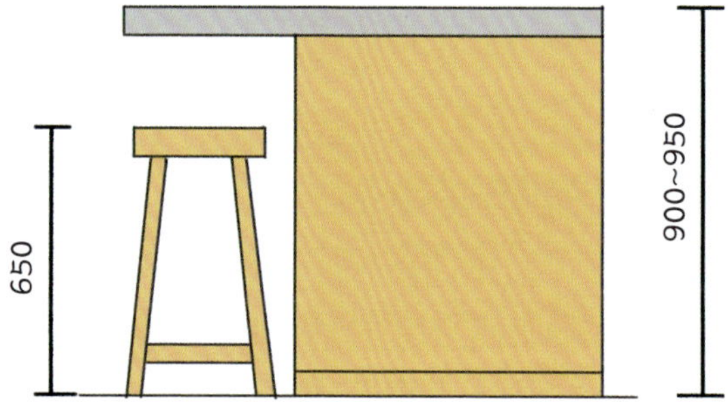

③ 岛台和餐桌并列，将岛台在操作台的基础上加高150~300 mm。这样，一方面可以在客厅一侧合适的高度内嵌电视机，另一方面可以对厨房进行一定的遮挡，避免杂乱。

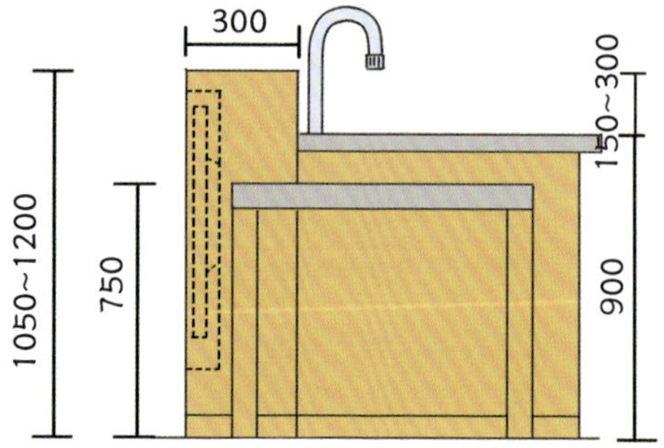

【设计要点 5：厨房收纳原则】

将较重或较大的物品放在橱柜下方，将较轻或较小的物品放在上方。将使用频率低的物品放在上方，将使用频率高的物品放在容易接触到的中间位置或下方。将小物品分类收纳在抽屉里，转角处使用旋转拉篮提高收纳能力。

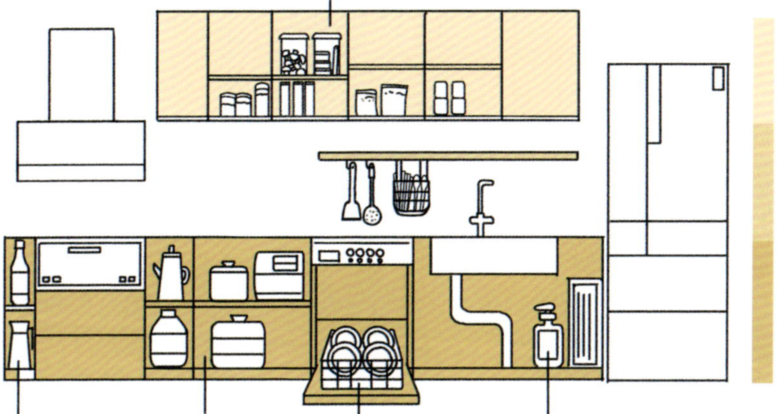

为了保持厨房的整洁与高效，我们应追求简洁的收纳方式，避免让收纳本身成为额外的负担。

1. 让台面上空无一物

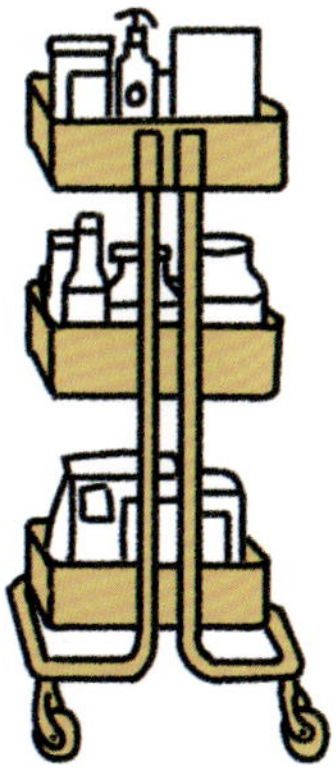

灶台边的调料罐可以使用墙上挂架或收纳盒收纳，这不仅便于拿取，也能固定好物品的位置，提高收拾厨房的效率，还能保持其整洁美观。每次使用后，及时清理台面，确保没有残留物，以延长台面的使用寿命。另外，对于台面上的物品收纳来说，小推车是个不错的选择。

2. 多用抽拉式收纳，抽屉是储物能手

相比于传统柜门，抽拉式收纳更方便快捷。在吊柜等较高的储物区域，可以安装抽拉式收纳篮或收纳架，便于取用物品，避免每次取物都要踩凳子。同时，抽屉内的分隔和整理也很重要，可以根据物品的大小和形状进行合理分区，使收纳更加有序。

3. 角落容量超乎想象

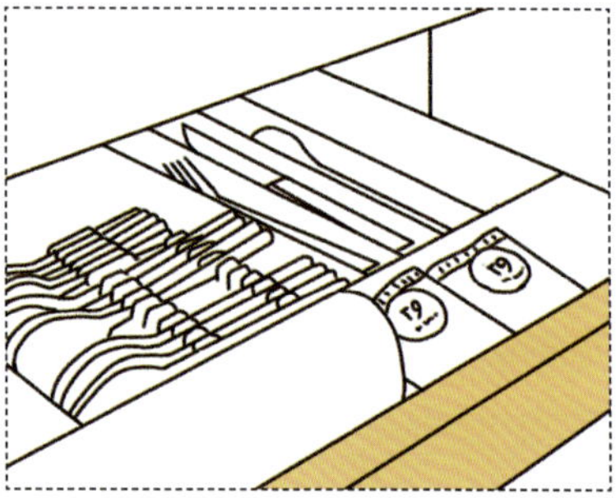

利用洗碗机与燃气灶中间的 50 mm 高空间定制薄抽屉，拒绝隐形浪费，在柜内实现“层中层”，实现进阶收纳。

4. 充分利用立面空间

可以在墙面上布置挂钩和置物架，放置调味品、餐具、厨具等。挂架的安装位置应该方便取用，同时也要考虑墙面的承重能力。除此之外，磁性收纳板、橱柜门板架收纳等都可以将立面空间利用起来。将刀具、剪刀等金属厨具吸附在磁性收纳板上，既方便取用，又能保证安全。

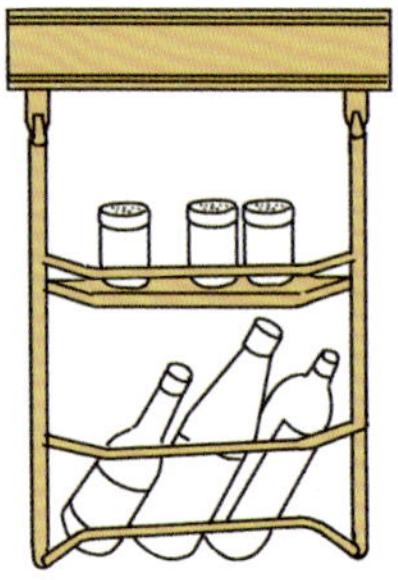

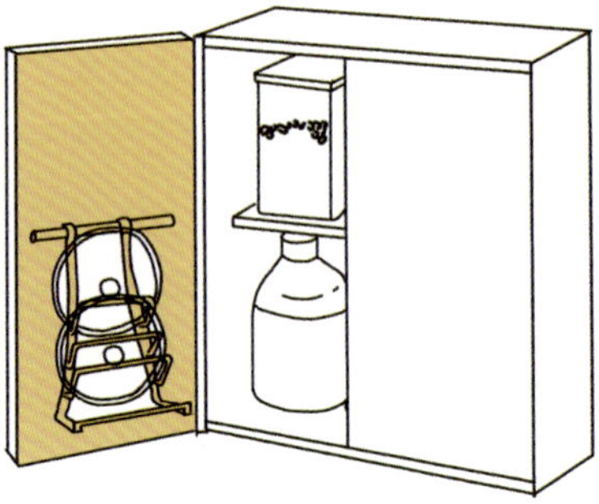

小知识：由内向外，需求先行的功能法则

需求先行，打造专属厨房

厨房要由内向外做设计，在规划厨房之初，我们先要明确自己的需求。是喜欢中式烹饪，还是偏爱西式简餐；是希望拥有宽敞的操作台，还是更注重收纳的便捷。只有明确自己的需求，才能从内到外，打造即美观又实用的专属厨房。

提前规划厨房净水系统

① 电源插口预留

建议在装修时就预先规划并布置净水机的电源线路，这样可以避免后期安装净水机后走明线，影响厨房的整洁与美观。

② 净水机空间预留

在规划橱柜下方空间时，务必为净水机预留足够的空间。在选择净水机时，还应考虑其机身的尺寸以及厨房橱柜的高度等。特别需要注意的是，还应预留出储水罐的空间。

③ 洗菜池选购

如果计划在台下安装净水机，则建议选择带有皂液器或预留净水器孔的水槽。

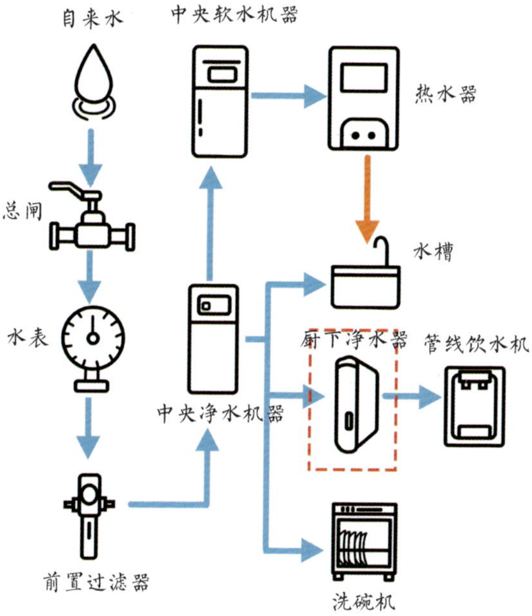

适当选择一些厨房新设备

比如炒菜机器人或大型烤箱，都能让我们的生活更加美好、便捷，也能将我们从烦琐的烹饪中解放出来，从而享受更多的家庭时光。

不要选择单一的照明光源

① 整体照明，即大空间照明方式，有吊灯、吸顶灯等；局部照明，即操作区、烹饪区的照明，有柜内灯及踢脚灯。

② 大多数家庭的厨房采用普通的白色吸顶灯，切菜的时候，人刚好处于投射的阴影里，在吊柜下方安装灯带，就能完美解决这一问题。

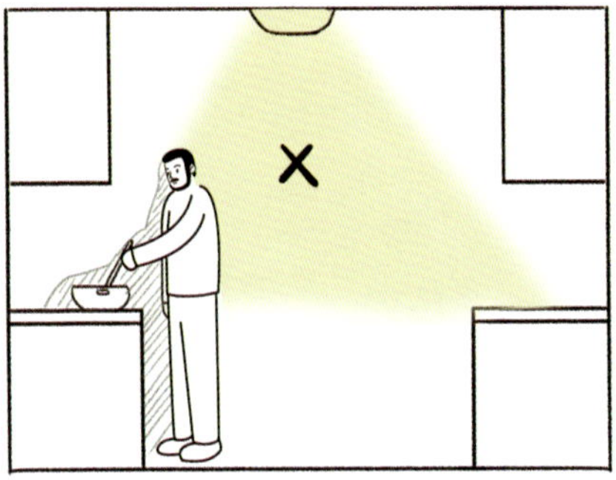

传统照明，单一光源，照明不足

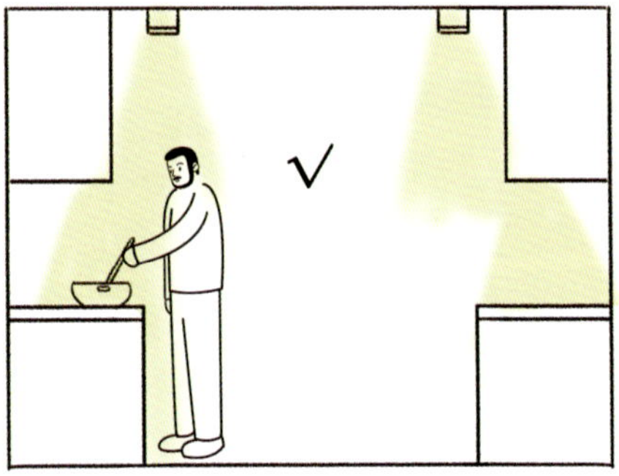

定制灯光，辅助灯带＋局部照明

1.4 卧室

一个安静、温馨的卧室环境，有助于居住者放松身心，从而获得高质量的睡眠。精心规划空间布局，选择适宜的家具和装饰品，以及运用色彩、光线等元素，打造一间温馨且舒适的卧室，对提升居住者的生活质量具有重要意义。

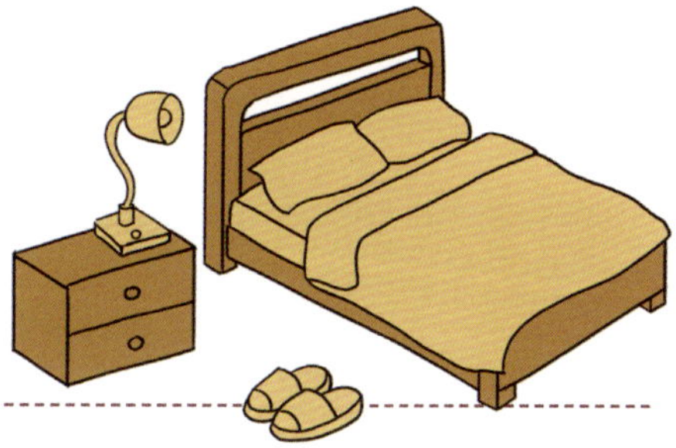

【设计要点 1：卧室的常见布局】

1. 单人卧室

单人卧室的最小面积为 6 m^2。适用于小户型，能满足一人独居的需求。多配置 1000 mm 宽的单人床、推拉式衣柜和一张可充当床头柜的书写、梳妆一体式台面。

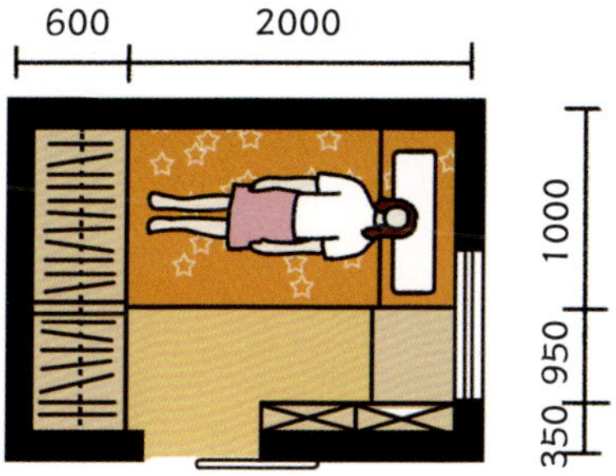

2. 双人卧室

双人卧室通常为长方形布局。秉持实用主义原则，代替传统衣柜，打造步入式衣帽间，提高空间的利用率。步入式衣帽间的最小宽度为 1500 mm，被视为小户型收纳的“救星”。

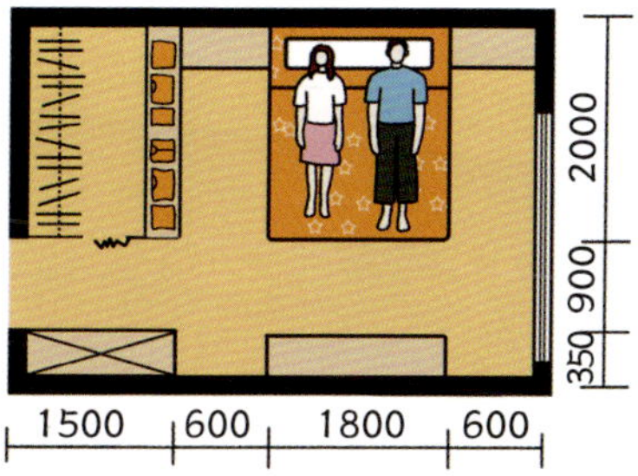

3. 带婴儿床

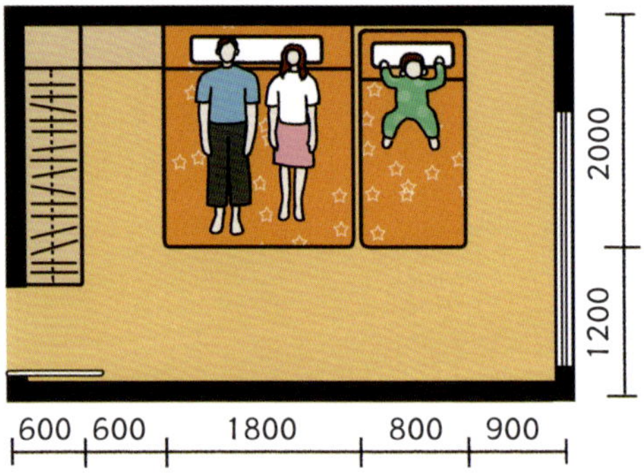

在靠近大床的一侧放置婴儿床，便于父母随时照看婴儿，也方便母亲随时哺乳。同时，确保婴儿床与墙体或其他家具之间保持足够的距离，避免婴儿在日常生活中受到磕碰。

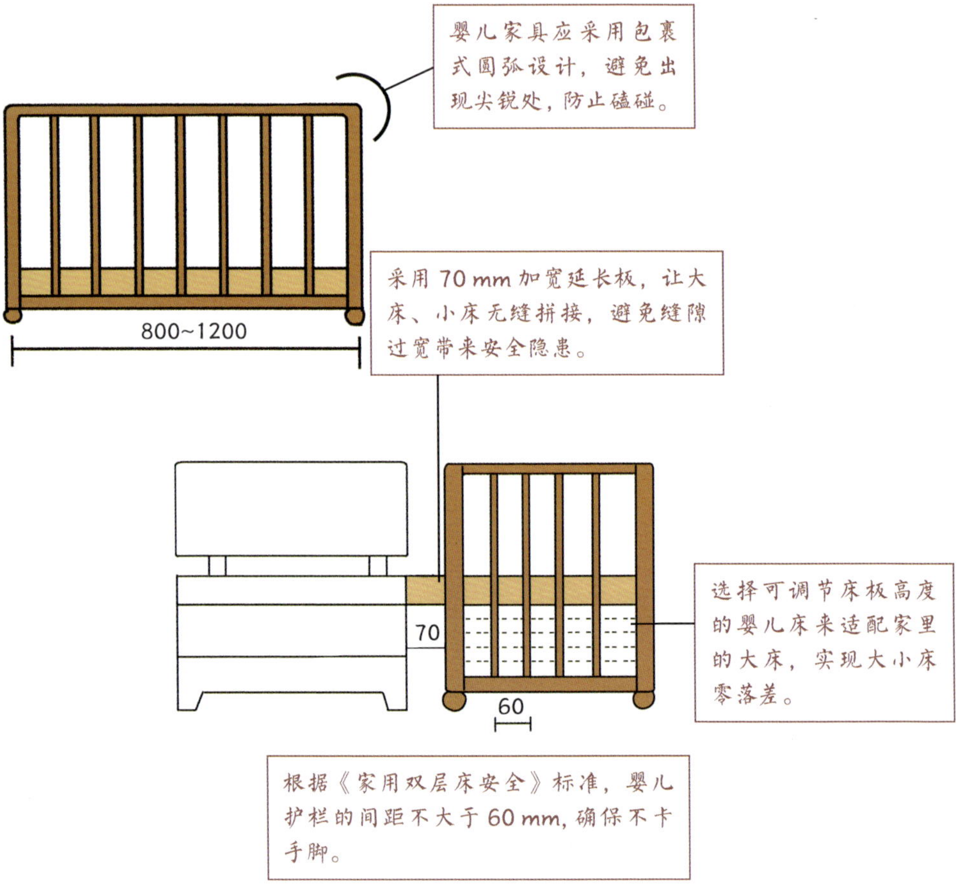

4. 双床卧室

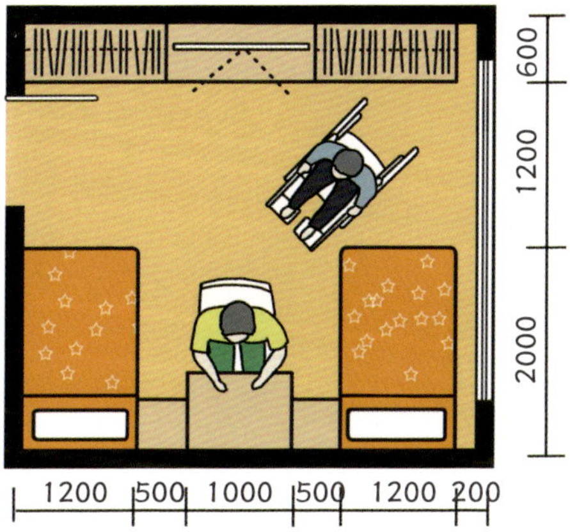

老人的生活习惯不同，为了不影响老人的睡眠质量，可以选择分床睡。两张单人床的尺寸均为 2000 mm × 1200 mm（长 × 宽），在中间布置办公桌，连接床头柜，靠近床两侧都应留有插座，便于充电。为了提高空间使用率，还可以采用推拉门衣柜和电视柜一体的形式。

【设计要点 2：衣柜收纳】

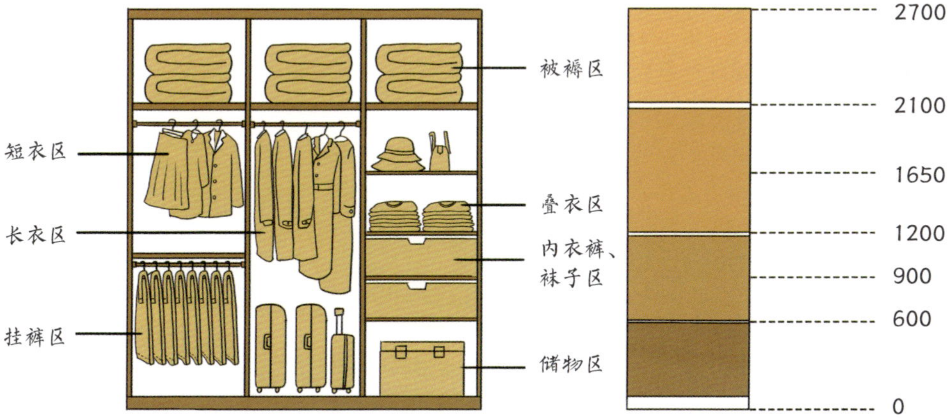

“600-1500-600”是一种实用且高效的尺寸预留形式，是基于衣柜从上到下的空间分配原则，旨在最大化利用空间并优化使用体验。

1. 高处 600 mm 区域

这个区域位于衣柜的最上方，因为取用不太方便，所以适合存放不常用的物品，比如过季的衣物、被褥、床品、厚重的冬季外套、运动装备（例如滑雪装备、登山鞋等）以及其他季节性或偶尔使用的物品。分类存放在易于识别的储物盒或箱子里。

2. 中间 1500 mm 区域

这个区域是衣柜的核心区，也是日常取用最为频繁的部分，适合存放当季的物品，比如日常穿着换洗的上衣、裤子、裙子、衬衫等。可根据衣物的类型和长度进行分类，采用挂衣杆、抽屉、层板或收纳盒来存放。

3. 底部 600 mm 区域

这个区域位于衣柜的最下方，通常较为宽敞且易于取用，适合存放一些较重或较大的物品，比如行李箱、储物箱、运动包等。

小知识：让卧室更舒适的小技巧

让卧室更舒适的四大要素

保持干净、保持秩序、巧用灯光和自然色设计。

功能性布置原则

① 明确自己的需求，是否需要更衣室、梳妆台、沙发椅或者电视机等，再根据功能需求选择相对应的卧室颜色。若想要安静的氛围，可选择蓝色；若想要缓解压力和疲劳，可选择绿色；若想要浪漫的感觉，则选择紫色和粉色。

② 可以利用衣柜、书柜等收纳衣物、书籍等物品，让卧室保持整洁有序。

③ 布置床的基本原则是将床头垂直摆放于最长的墙面，避免床头对门。

感官舒适原则

① 巧用灯光的亮度和色温，灵活控制空间氛围。可以选择遮光和加厚的窗帘，并在不同区域选用不同灯具，比如阅读灯、局部照明灯、星空灯等。

② 打造个性化卧室空间，用个人喜好来装点卧室，比如喜欢的艺术品、挂画、香薰蜡烛、绿植等。

1.5 儿童房

儿童房的设计思路和卧室设计有着较大的差别。首先，要考虑安全性，由于儿童活泼好动，因此房间内的家具和装饰应尽可能避免尖锐的边角。其次，基于儿童的成长特性，应根据不同的年龄需求，打造适合孩子的成长型儿童房，为孩子成长预留出足够的空间，方便未来进行改造和升级。最后，趣味性也是儿童房设计中不可忽视的要素，不仅能够激发孩子的好奇心和探索欲，还能培养其想象力和创造力。

【设计要点 1：打造理想的儿童房布局】

从大人理性的角度出发，一张尺寸适中且安全舒适的床、收纳功能强大的通高柜子、一面画画的黑板墙、足够大的玩耍和活动的空间，似乎是理想的儿童房布局了。

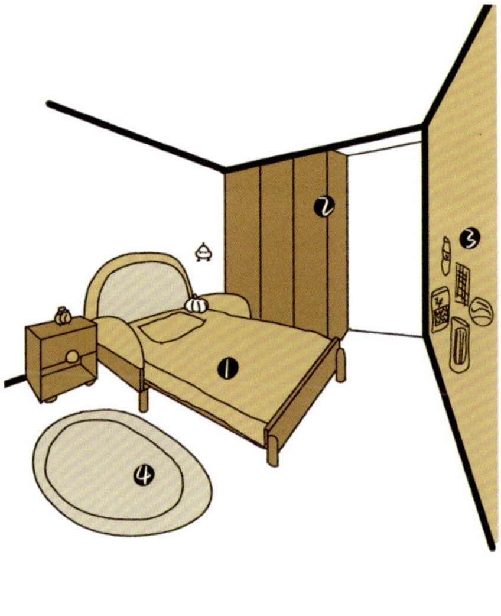

站在儿童的角度，有趣是他们衡量房间好坏的唯一标准。他们更喜欢有趣的空间，比如能爬上爬下的上下床、属于自己的秘密空间等。以这种方式设计出的儿童房可以让小朋友有更加沉浸式的感受，使其在有趣的环境里成长，有助于激发他们的想象力。

【设计要点 2：选择成长型家具】

成长型家具是指通过组合、变化和转换实现资源的多功能运用，以满足不同时期的儿童使用需求。这不但节省了空间，而且减少了资源浪费和家庭消费开支。

从空间规划的角度上看，在装修房子或选购家具时，应充分考虑孩子未来 5~10 年的需求变化。儿童始终在快速成长变化，家长不可能每个时期都为其购买新的家具。这就要求儿童家具要具有功能上的成长和改变，是可调节、组合和变换的。

1. 婴儿期（0~3 岁）

0~3 岁，700 mm 高的储物柜可用来收纳纸尿裤和小衣服。

2. 幼儿期（3~6 岁）

3~6 岁，幼儿期的孩子更多时候是在地板上玩耍。根据使用需求，储物柜的高度不做改变，而收纳的物品开始发生变化，主要用来存放玩具。

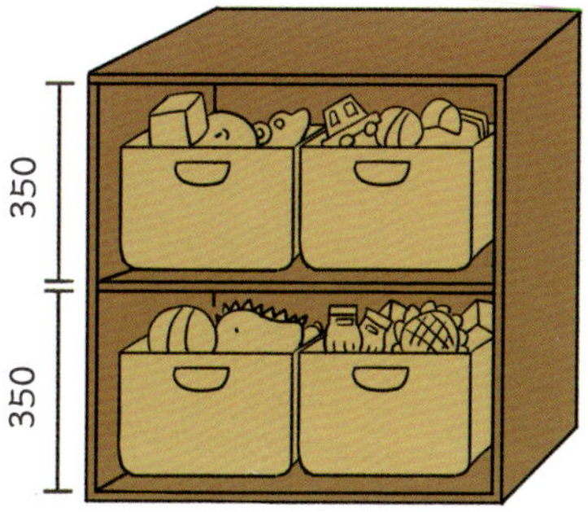

3. 儿童期（6 岁以上）

6 岁以上，需要为其提供舒适的学习环境，因此，将底部收纳柜去掉层板，变成了 700 mm 高的书桌。由于这个年龄段孩子的需求增加，所以在底部收纳柜的基础上继续叠加，700mm 为常用的模板高度。新增的中部空间摆放电脑或台灯，可作为孩子的学习小天地；新增的上部空间可作为书架存放书籍。

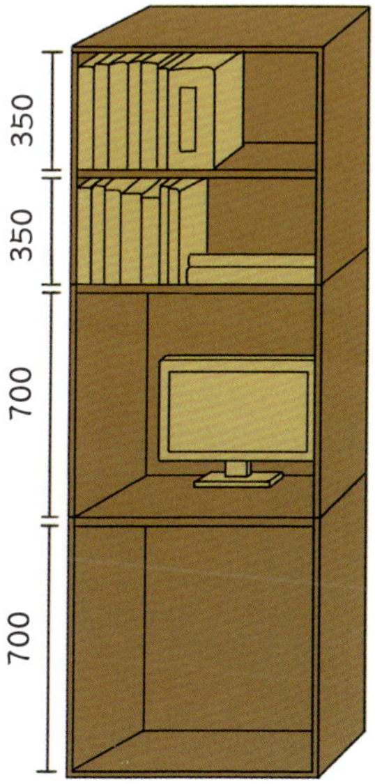

【设计要点 3：双层设计】

儿童天生充满活力与好奇心，热衷于追寻新奇与变化，对周围空间的变化都抱有浓厚的兴趣和探索欲，尤其是高低与大小的差异。双层结构设计恰好满足了这一阶段的儿童需求，为他们打造一个既有娱乐性又充满互动性的探索乐园，让每一次攀爬与寻找都成为成长的乐趣所在。

1. 童话元素

在设计时，可融入一些小朋友喜欢的“会飞的城堡”理念，在上方原木色的空间中设置采光窗户和对话窗口，不仅增加了趣味性，还提升了采光与通风效果。

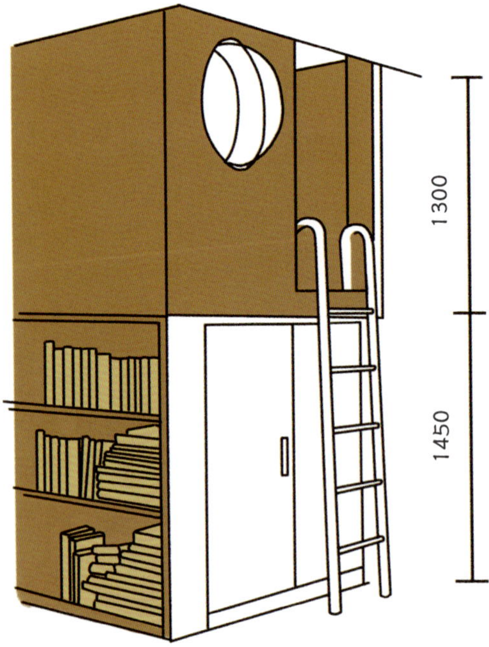

2. 树屋造型

树屋是最纯真、最具童话色彩的建筑之一。待在树屋里，令人感到新奇、有趣又有安全感。不仅充满趣味性，还让空间得到了充分利用。

上方睡眠区：预留太空舱采光窗，让空间更具互动性与趣味性。

下方储物区：在侧面增加储物柜，储藏图书，秒变阅读角，收纳功能满分。

3. 房中房

房间里的小房子，是可开放可独立的儿童房。两扇隔门采用可伸缩的开合方式，开启时不占空间，可以隐藏在柜体中，关上之后，又是独立的空间。房间中不仅仅是床，还有其他家具，比如柜子、桌椅都需贴合儿童尺寸，方便孩子使用。

小房子的设计可以让孩子更具安全感，还能培养其空间思维能力和想象力。

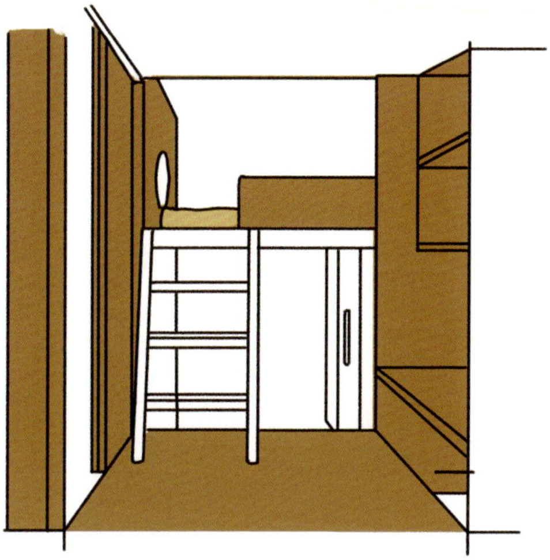

4. 小型图书馆

将床头设计为多功能书架，为孩子打造一个睡前阅读角。让孩子在一天的活跃之后，通过安静的阅读来平复内心的兴奋，引导他们在书籍的海洋中畅游，汲取知识，从而自然而然地对书籍产生兴趣。

【设计要点 3：两孩小空间的高效利用方法】

随着两孩家庭的增多，人们对儿童房的设计需求也日益多样化。我们旨在通过灵活多变的空间布局，来满足不同年龄段孩子的成长需求。针对不同尺度的空间，可以采取以下策略来设计两孩儿童房。

1. 传统布局

在空间有限的情况下，利用垂直空间设置上下床，吊式上床以圆弧收边，避免出现棱角，以免孩子磕碰受伤，同时圆弧元素也让空间变得更加柔和。储物柜阶梯靠墙而立，既是楼梯踏步又是储物柜，在保证上下床安全的同时，可以存放孩子的过季衣物以及杂物等。

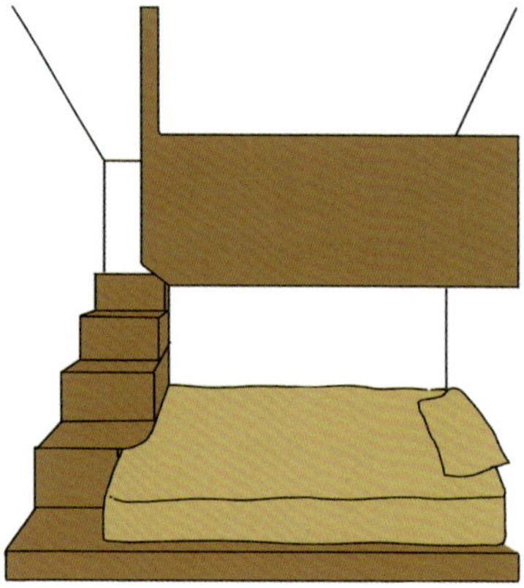

2. 左右错位

针对两个性别不同的孩子，可以采用左右错位的空间布局，在相同的投影面积内巧妙划分出两个独立的休息区，让每个孩子都能拥有属于自己的私密空间。

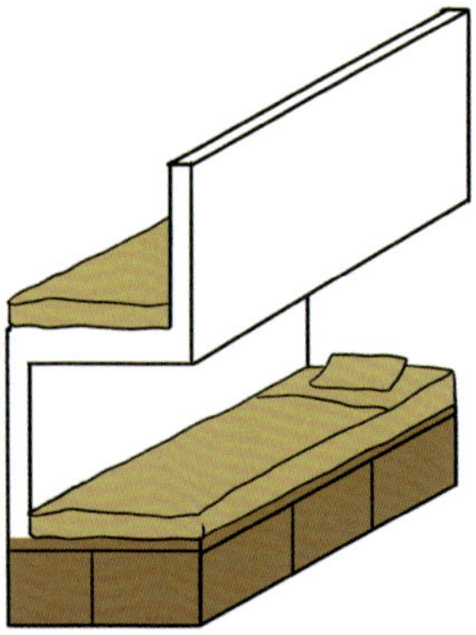

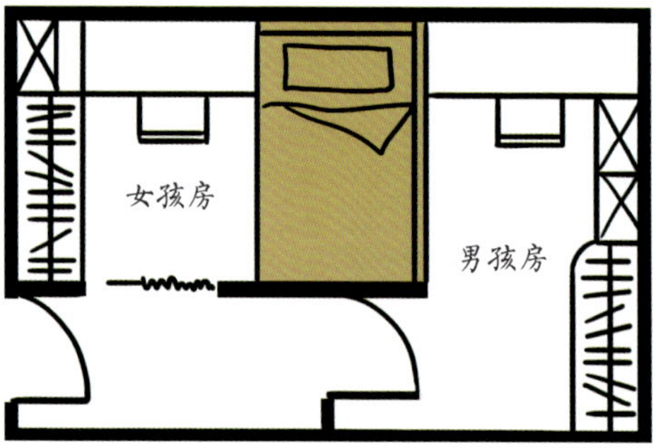

3. 平行错位 /L 形错位

还可以考虑“平行错位”或“L 形错位”的双层床设计。平行错位指的是两张床不再简单地堆叠在一起，而是采用一种平行但稍微错开的形式。L 形错位指的是一张床紧贴墙面，而另一张床以 L 形的方式与之相连，形成转角式布局。这样的布局不仅避免了上下床带来的压迫感，还为两个孩子提供了更为平等和私密的睡眠空间。

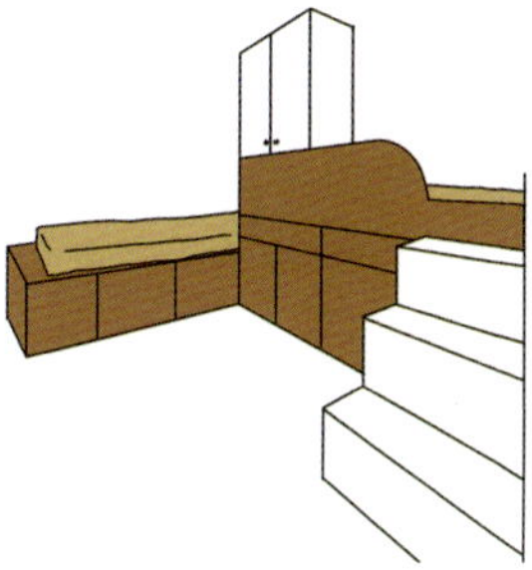

小知识：让房间和孩子一起成长

细致的照明规划

根据孩子的生活习惯，特别是在阅读、玩游戏和睡前准备等关键时段，巧妙运用台灯、壁灯、落地灯等多种照明方式，消除黑暗角落，营造温馨舒适的居家环境，保护孩子的视力健康，确保房间内每个角落都能有柔和而充足的照明。

灵活选择与布置家具

根据孩子的成长变化随时调整空间布局，让房间保持灵活多变的风格。可以考虑添置一些多功能家具，比如带储物功能的床、可变形的学习桌等，最大化利用空间。

“立方米”智慧收纳

① “立方米”收纳理念是一种通过合理利用空间，最大化提高收纳效率的方法。针对儿童物品小而杂的特点，我们可以借鉴“立方米”收纳理念，通过合理的规划与设计，将每一寸空间都充分利用起来。

② 配备符合孩子身高的收纳箱、置物架和小推车等储物工具，引导孩子自主整理和收纳物品。这样不仅方便孩子取用，还能在潜移默化中培养其收纳习惯和生活自理能力。

1.6 卫生间

卫生间作为家庭中不可或缺的功能性空间，扮演着多重角色，是日常生活中保持个人卫生的重要场所。一般情况下，卫生间应具备如厕、洗漱、淋浴、更衣、洗衣、干衣、化妆以及储藏洗护用品等功能。具体情况需要根据实际的使用面积与业主的生活习惯而定。

【设计要点 1：常用尺寸】

1. 浴室柜

浴室柜的标准宽度为 600~1200 mm，高度为 800~850 mm，深度为 450 mm。镜柜的安装顶面高度为 1900~2000 mm 较为适宜。人离洗手台最小的距离为一个人站立洗漱所需的空间，约为 500 mm。若卫生间的空间狭小，可以选择立柱式洗脸盆，一般尺寸为 500 mm × 400 mm（长 × 宽）。

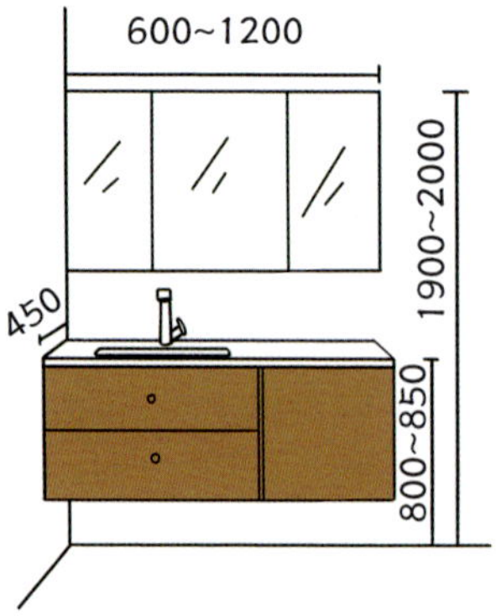

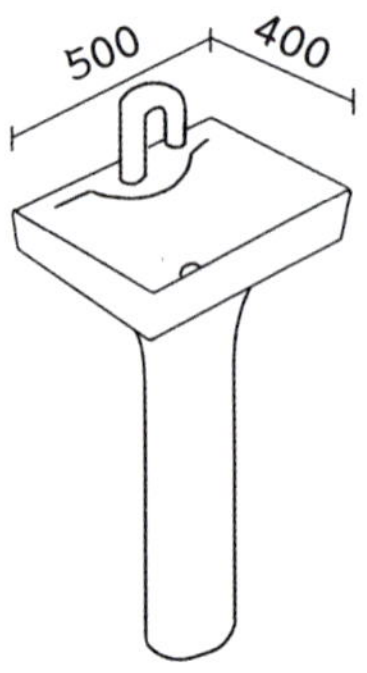

2. 坐便器

预留坐便器的宽度应不小于 750 mm，才能满足基本使用需求。

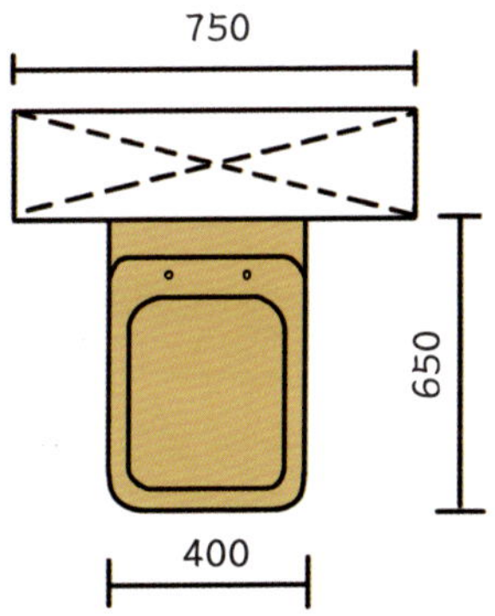

3. 淋浴区

淋浴区的标准尺寸为 900 mm × 900 mm（长 × 宽），极限值为 800 mm × 800 mm（长 × 宽），否则连转身、擦背也会不方便。

4. 浴缸

小型浴缸的标准长度为 1200~1500 mm，宽度为 700~900 mm，适用于小户型或空间有限的浴室，节省空间的同时还能满足基本的泡澡需求。

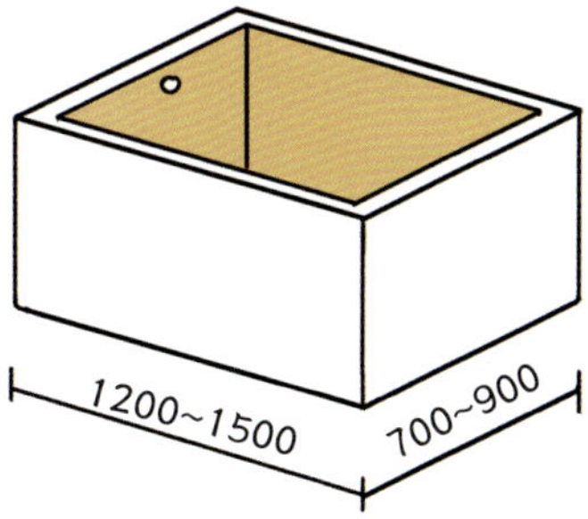

选购时，首先要确保浴缸安装后留有足够的活动空间。其次，考虑家庭成员体型与泡澡习惯，如果家庭成员普遍较高或较胖，则建议选择较大的浴缸，以确保舒适的泡澡体验。最后，还要考虑其使用频率，如果使用频率较高，则建议选择适中或较大尺寸的浴缸；如果使用频率较低，则可以选择较小的浴缸。

【设计要点 2：常用布局形式】

卫生间的设计通常围绕着洗漱区、坐便器区及淋浴区这三大核心功能区展开，其布局形式深受所在地域的文化习俗与经济条件影响。在实际规划中，是否采用分离式布局，以及采用何种程度的分离，需考虑家庭成员的使用习惯和需求。并非一概而论地认为三分离式布局绝对优越，对于追求更宽敞操作空间的人群而言，常规布局的设计反而能更好地满足实际需求，提供更为便利与舒适的体验。

1. 三分离式布局

对于小户型来说，多个家庭成员的使用让卫生间变得尤为紧张，尤其是在早上，这时空间的精细化设计就显得尤为重要，要确保每一寸空间都能得到高效利用。

三分离式布局可以保证各功能区独立并互不干扰，即使只有一个卫生间，也能满足一家人同时使用的需求。

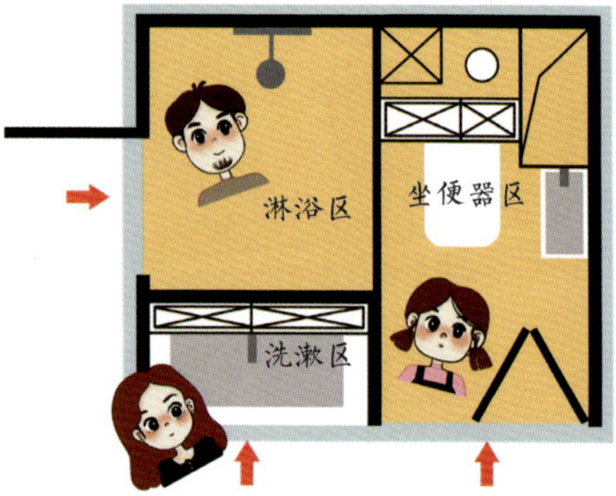

2. 开放式布局

对于大户型来说，尤其是配备有多个卫生间时，空间上允许呈现更多灵活的设计，三分离式设计的必要性会有所减弱。

开放式布局提供了更为宽敞的操作台面区域，让日常清洁与化妆等活动更加自如，还能通过减少墙体的使用来划分空间，有效节省了建材成本，增强了空间的通透感与视觉延展性，提升了整体的居住品质。

【设计要点 3：收纳设计】

关于卫生间的干湿分离，市面上其他书里已经有很多介绍了，但关于局部收纳却很少提到，毕竟空间不大，能发挥的空间有限。卫生间中有几个黄金收纳区，千万不要浪费了。

1. 在坐便器上方设计储物柜

坐便器上方是个做储物柜的好地方，尤其是壁挂坐便器的上方，可以增加储物空间，收纳卫生纸、清洁用品等，还可避免无纸用的尴尬。

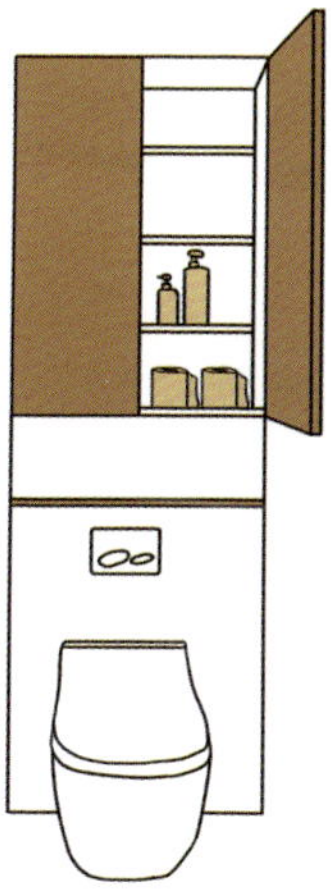

2. 巧用淋浴区壁龛

利用墙面空间做一个内嵌壁龛，代替传统的金属置物架，可以增加收纳空间，用来放置洗发水、沐浴露、洗面奶等。不但避免了金属置物架生锈、不好打理等问题，而且也更加美观。

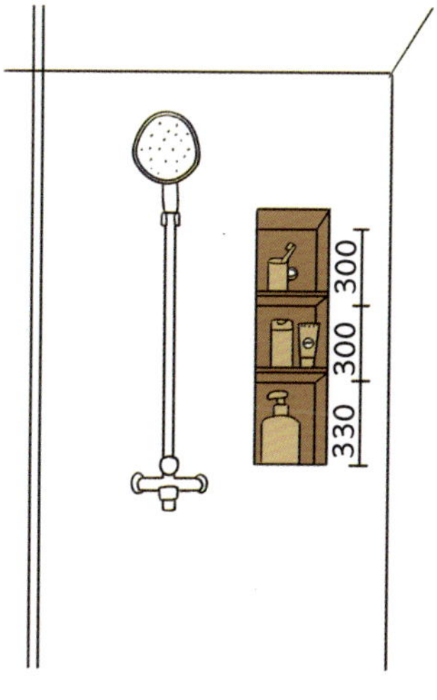

3. 在洗漱台侧边设置抽拉柜

较窄的"洗漱台 + 拉篮"设计，刚好用来收纳护肤品。使用时只要拉开抽拉柜，所有的物品一目了然，方便拿取。

4. 洗漱台镜柜底部不设底板

隐藏纸抽，节省台面空间，放擦手毛巾，也能保证通风。

5. 洗漱台底部隔空

放置儿童洗漱的小凳子或者猫砂盆。

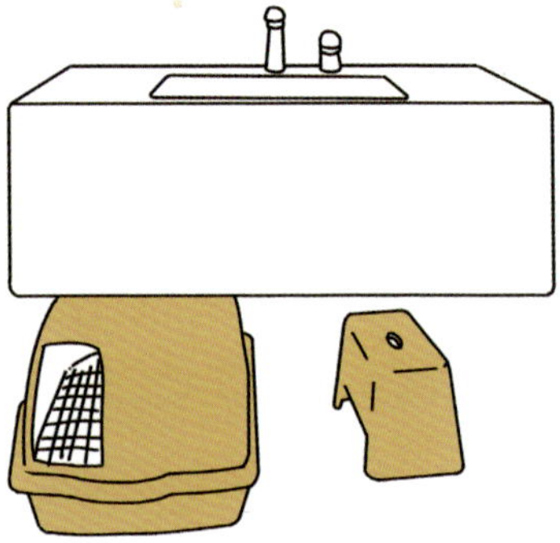

6. 主卧卫生间与梳妆台一体化设计

空间不足，无法做抽拉柜，可以用搁板代替，其最小进深为 150 mm，配上外形、颜色统一的收纳盒，人站着化妆也很顺手。梳妆台另一侧与大衣柜相连，整个多功能柜体颜值与功能兼具，洗漱、化妆、换衣服一气呵成。

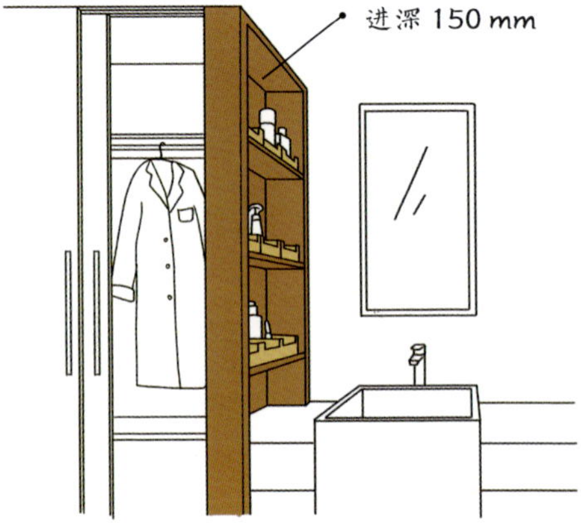

7. 巧妙增设小冰箱

如果护肤步骤是在卫生间完成，根据就近原则，那么可在洗手盆下面增设一个小冰箱，用于专放面膜和其他需要冷藏的护肤品，极大提升了便利性和幸福感。

小知识：让卫生间更好用的设计细节

巧用这些家居品，小小的卫生间也能很舒适

① 暖风机：满足浴室 24 小时烘干需求，能让物品时刻保持干燥，具备预热及晾晒衣物功能。

② 壁挂小型洗衣机：便于清洗小件衣物且节能省水。

③ 坐便器处的增压小花洒：方便冲洗地面，不留卫生死角。

④ 抽拉式塑料材质水龙头：手感舒适柔软，可高效清理卫生死角。

⑤ 恒温花洒：洗澡时再也不用停下来调节水温了。

⑥ 双卷纸盒：每当纸巾只剩下 1/3 的时候，人们都会有种焦虑感，使用双卷纸盒可避免无纸使用的尴尬。

⑦ 镜柜：收纳洗漱、化妆用品，可开放 20% 的格子摆放常用物品。

2 住居空间的设计原则

2.1 功能原则

生活中的细节往往可以揭示出重要的道理：当我们感到某些物品使用不便时，其根源或许不完全在于个人，而是设计上的考量不足。设计时要考虑得更全面一些，这样我们的生活就会更便利一些。

在住宅限定的空间内，对其内部进行合理布局是室内设计的主要任务之一。随着人们对生活品质的要求越来越高，空间布局越来越注重功能性，不仅要满足生存和生活的外部需求，还要满足精神寄托的内在需求。

在考虑空间的功能定位时，应从多个角度进行思考。比如，空间的大小、高低、次序、组合与使用功能的关系，以及各空间的关系和动态与静态活动对空间形式的影响，这些因素都影响着室内设计最终呈现的效果。功能划分可以说在整个装修工程起到了搭骨架的作用，具有重要地位。

【功能原则 1：空间演变，打造全生命周期适应空间】

通过多功能空间组合，给居住者提供“可选择性”，使功能可以转变。放弃传统的客厅、餐厅、书房的分区方法，转而考虑休闲、会客、用餐、睡眠等功能。用功能的概念代替房间，在一个空间里布置多个功能区，功能区和功能区相融合的过程中会有新的功能区产生。这种设计理念还考虑到了空间的适应性和未来性。随着居住者生活状态的变化（比如从单身到成婚，再到生子等），相应的空间需求也会发生变化。这种多功能、充满灵活性的设计方式更容易适应这些变化，进而延长家居空间的使用寿命。

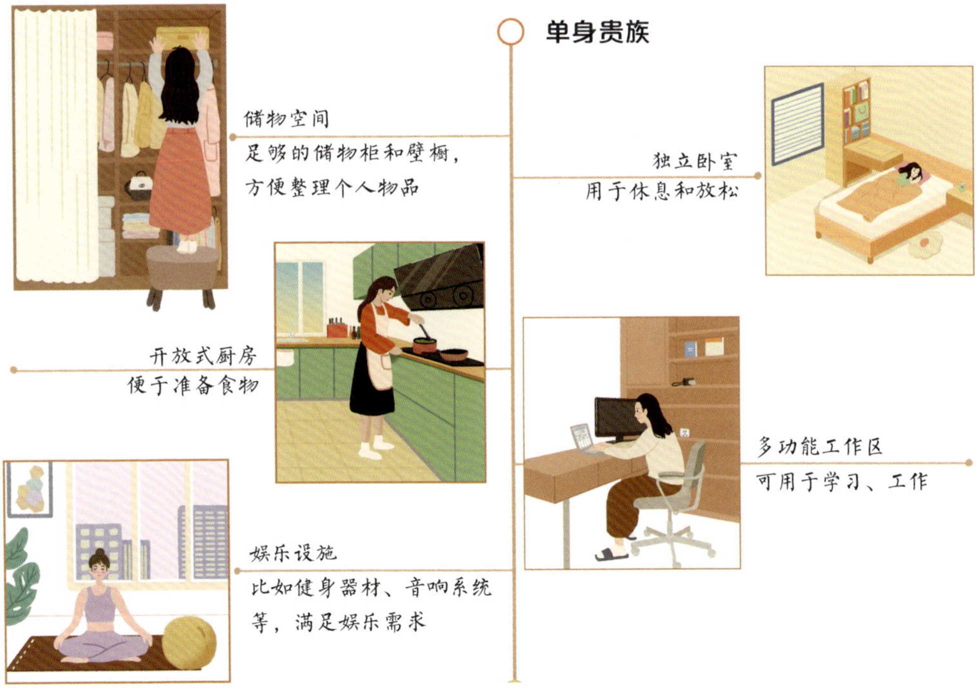

二人世界

共享休闲空间

比如客厅或阳台，用于共同放松和娱乐

双人储物空间

比如衣柜，满足两人的衣物收纳需求

灵活的工作区

如果两人都需要居家办公，则需要两人或共享的工作空间

有娃家庭

儿童房

为孩子提供独立的游戏和学习空间

开放式游戏区

便于孩子和其他家庭成员互动

储物空间

为孩子的玩具、书籍等物品提供充足的储存空间

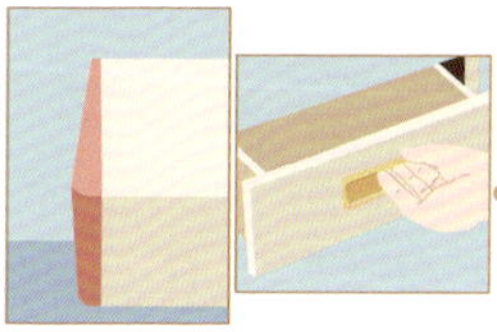

安全和便捷性

确保家具和设施的边角平滑，易于清洁和维护

多功能活动区

可作为孩子的体育活动区和玩耍区

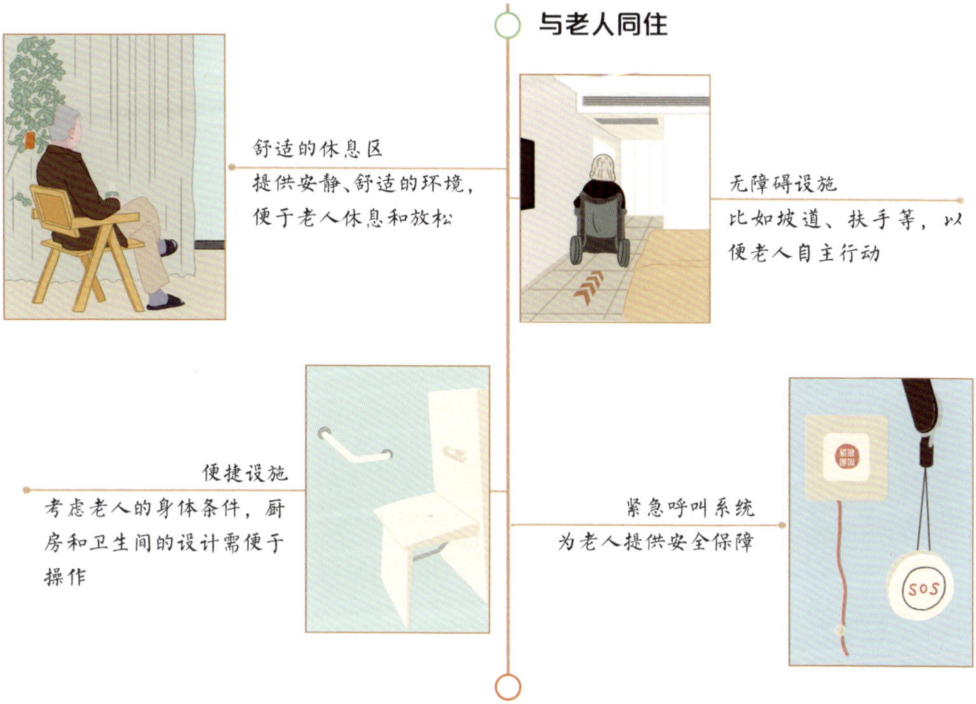

【功能原则 2：空间划分，解锁多功能灵动空间】

空间划分是一个至关重要的环节，直接影响居住者的生活品质和居住体验。为了满足业主对功能性和舒适性的需求，设计者需要合理地划分空间。

首先，需要明确不同空间对隐私的需求。高隐私空间通常用于较为私密的活动，比如睡眠、更衣、洗浴和如厕等，这些空间通常需要采用封闭式设计。相比之下，低隐私空间则更注重开放性和互动性，这些空间通常用于休闲、娱乐、做家务、烹饪、用餐、会客等。设计师可以通过采用开放式设计，使这些空间更加通透，促进家庭成员之间的互动和交流。

其次，在分区方式上，设计师可以采用绝对分隔、相对分隔和意象分隔等方式。绝对分隔是通过实体墙、隔断等方式将空间完全分隔开，适用于对隐私要求较高的空间。

相对分隔则是通过高度差、材质变化等方式在视觉上划分空间，但仍保持一定的开放性和互动性。意象分隔则是通过色彩、灯光等设计元素来营造不同的空间氛围，使空间在心理上产生分隔感。以下是几种划分空间的设计手法：

1. 利用实体墙、隔断

个人空间是感受自我和追求安静的区域，通常会采用实体墙或隔断进行分隔，以确保私密性。

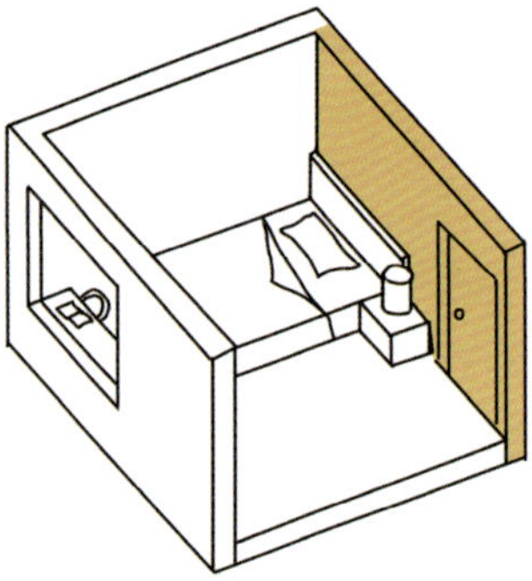

2. 利用地台

借助原有的高低错层，垫高地台，分隔客厅与餐厅，将开放式空间进行“软”划分。

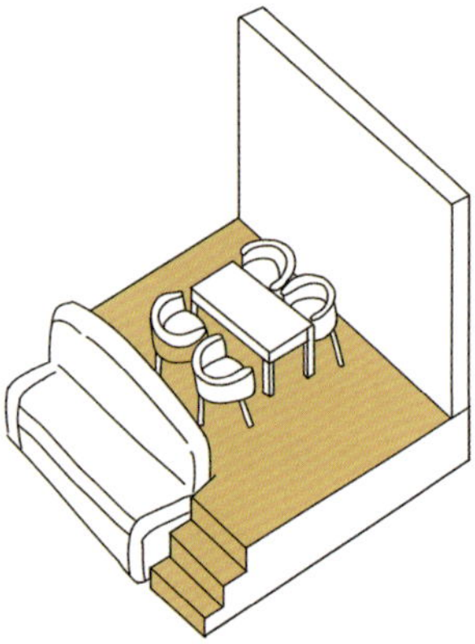

3. 利用家具

将家具作为划分空间的媒介，是室内空间划分中极为普遍且有效的方法。在入户玄关区域布置一面半开放式的洞洞板隔断，不仅巧妙地划分了玄关与客厅，还确保了两者之间的通透性与流动性，使空间既明确又不失连贯性。

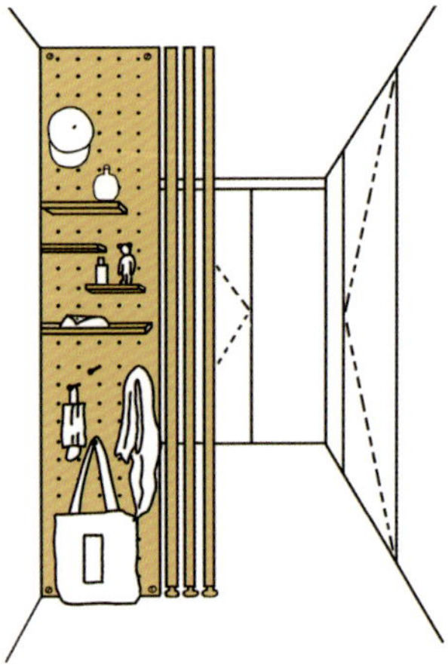

4. 利用颜色

不同的色块可以划分出不同的功能空间，在客厅和阳台的交界处做颜色区分，使阳台成为家中一处框景。

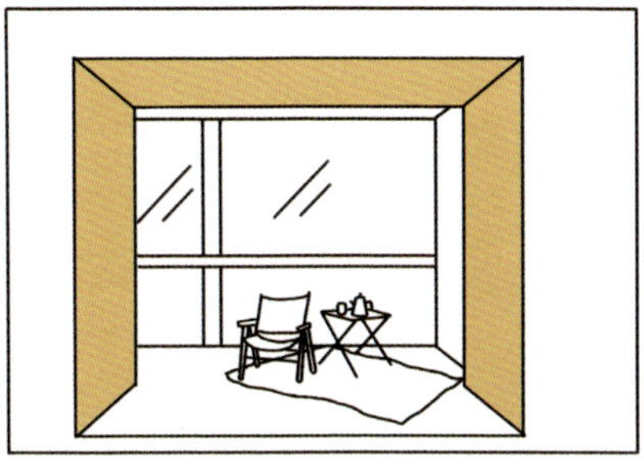

5. 利用地毯

客厅和餐厅可以采用开放式设计，拆除部分非承重墙后，通过地毯等软性铺装，让空间之间的过渡更加自然和流畅。

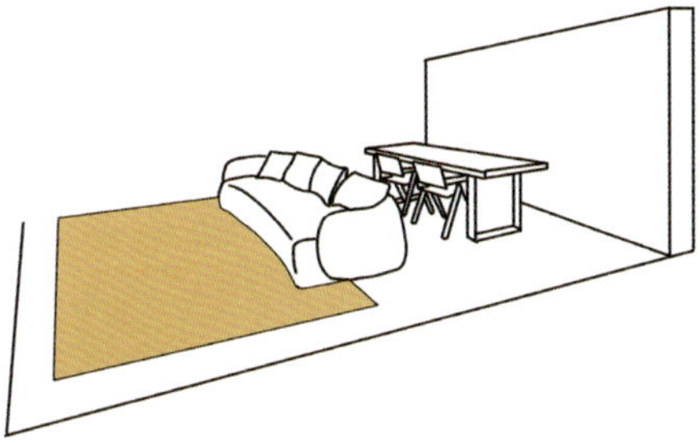

【功能原则 3：功能转换，探索空间转换的无限可能】

一个完整的住居空间中包含了很多功能区，在空间有限的情况下，设计师需要灵活调整空间的功能布局，进行功能转换。

1. 优先布置高频次使用区域

在进行功能转换时，设计师需要深入了解居住者的生活习惯和需求，以确保转换后的空间能够真正满足其日常生活需求。同时，还需要考虑简化和压缩低频次使用的功能区，以便为高频次使用的功能区腾出更多的空间。

如果女主人有大量衣物需要存放，而客房的使用频率相对较低，那么可以考虑将客房转换为衣帽间。不仅满足了女主人的衣物收纳需求，还提高了空间利用率，通过功能重组实现了不同空间和功能的转换。

▲图片来源于恒田设计项目——深圳万丰海岸城珑园

2. 灵活运用可变家具

设计师还可以借用灵活可变的家具和储物柜来应对功能的转换。比如使用可折叠、可移动的家具或多功能储物柜，根据居住者的需求随时调整空间的功能布局。

如果小客厅既要摆放餐桌、茶几，又想显得足够宽敞，可以摆放一张可移动的多功能餐桌。这样的餐桌不仅轻便小巧，便于移动，还可作为茶几使用，一举三得。

▲图片来源于恒田设计项目——上海万邦都市花园

▲图片来源于恒田设计项目——上海万邦都市花园

如果一个空间已经被赋予明确的功能，还可以采用时间转换的方法。用时间换取空间，要么是同一件家具在不同场景下体现了不同的功能，要么是轻便的家具通过简单的移动展示了不同的功能。比如白天作为起居室，夜晚转变为卧室，其功能根据居住者的需求灵活调整。

▲图片来源于恒田设计项目——上海沙龙

大桌子既可以是餐桌，又可以是孩子做作业的写字台、爸爸加班时的电脑桌。大多数情况下，用餐与办公不会同时进行，这样能充分挖掘一张桌子的价值，让它在全天都能派上用场。

▲图片来源于恒田设计项目——浙江平湖吾悦华府

【功能原则 4：功能叠加，打造高效多功能的复合空间】

功能叠加法是一种室内设计策略，通过将两个或多个功能的空间合并，以提高空间的利用率和灵活性。这种方法特别适用于面积有限且希望增加互动性空间的情况。

在进行功能叠加设计时，需要注意三点：一是可以通过使用不同的材质、高度、照明等方式来区分不同的功能区域；二是需要确保空间的尺寸足够满足各项功能的需求，以及确保良好的采光和通风；三是需要满足居住者的个性化需求。

1. 常规组合形式

（1）用餐 + 办公 + 会客 = 客餐厅

这种设计可以突破传统餐厅和客厅的局限，让空间更加开放和灵活。可以将客餐厅作为工作和学习的场所，还可以在餐桌周围设置舒适的座椅和储物柜，以满足会客和储物的需求。

▲图片来源于恒田设计项目——北京格调小区

（2）休闲＋办公＋阅读＝起居室

现在的客厅已经很少被用来正式地接待客人了，更多的是作为一家人交流和放松的场所。可以在餐厅或客厅设置一个大型书架或储物柜，用于存放书籍、玩具等物品。同时，还可以在该区域设置舒适的座椅和照明设施，以营造适合学习和阅读的氛围；或者可以考虑添加电视机、音响等设备，以满足家庭娱乐的需求。

▲图片来源于恒田设计项目——北京韩建观山源墅

（3）办公＋客人留宿＋储物＝多功能室

▲图片来源于恒田设计项目——北京广和里西路 56 号院

无论是预留房间，还是出于习惯多买一个房间，除卧室之外，空置的房间，都可适用于这个方法。

除去预留给客人留宿的床之外，如果需要安静或独处的办公环境，那么也可以安排在这个房间里；或用来储存一家人的杂物。

2. 实例应用

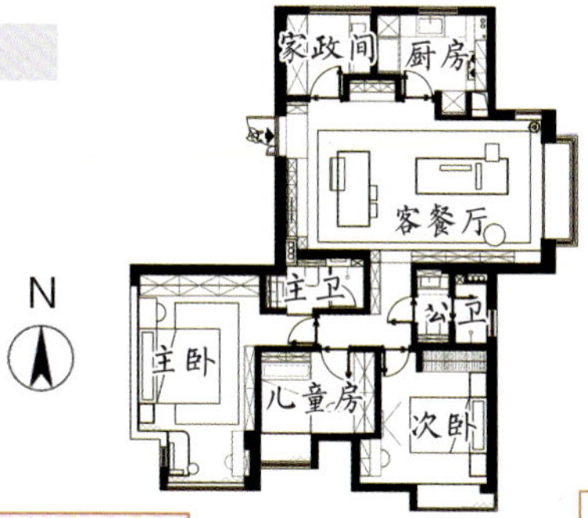

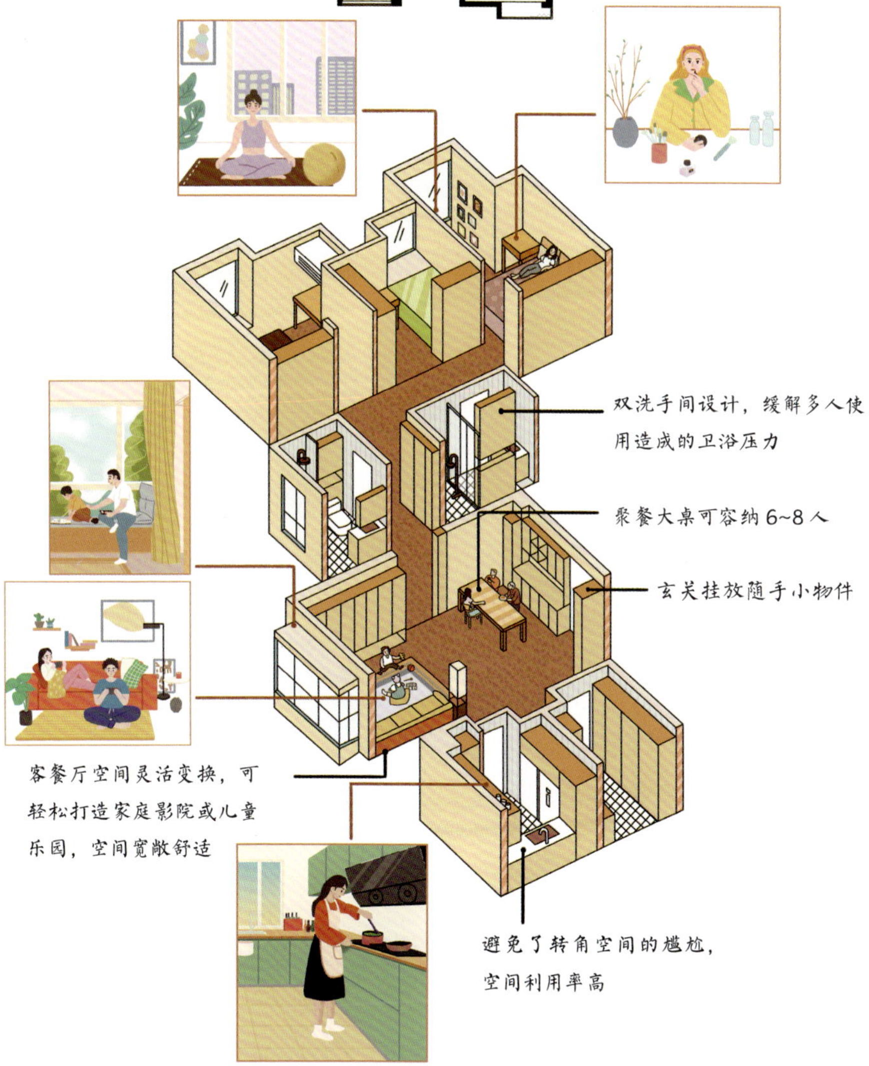

注：本实例图片均来源于恒田设计项目——浙江绍兴金色水岸

（1）设计空间——家政间

为完善入户动线以及储物功能，新砌墙体，使原餐厅区域变为家政间。紧邻门口处设置洞洞板以及收纳抽屉，便于业主随手挂放小物件。

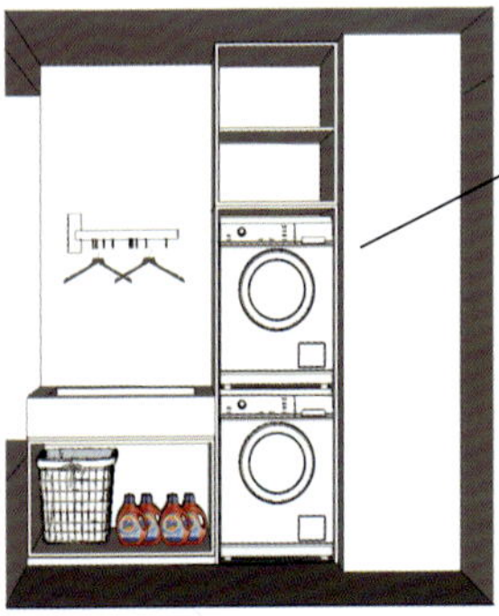

洗衣区

内设洗衣机、烘干机、脏衣篮、洗衣液等日常洗衣用品。

在家政间内设置顶天立地式收纳柜，内设挂衣区、鞋子收纳区以及家政区等，柜体内部采用活动层板，便于后期调整。

推开玻璃门，便是家政区，门外挂放随手小物，挂放次净衣，换鞋，进入家政间，将脏衣放入洗衣机，洗手，入户动线流畅，完美实现无尘入户。

（2）设计空间 ——客厅＋餐厅

公共区域采用开敞式设计，视觉上更显明亮通透，同时又确保了活动空间最大化。

考虑业主偶尔会邀请朋友小聚，设计师放置了可至少容纳七人的 1980 mm × 900 mm（长 × 宽）的餐桌，多人聚餐也无压力。在非用餐时段，此处也可作为家庭书房。家因陪伴而温暖，父母可在此辅导孩子写作业、做手工或者玩一些益智类小游戏。同时也保证了充足的收纳空间，吊柜中可收纳 50~100 本书籍。下方柜子可收纳打印机、文件夹等办公用品，满足业主在家办公的需求。

在餐桌旁边布置长度为 2400 mm 的餐边柜，收纳用餐时常用的小家电以及相关用品。吊柜中间内置插座，便于使用日常电器。

在家政间与厨房之间嵌入长度为 1300 mm 的水吧柜，满足业主饮水喝茶的需求，且动线连贯，便于使用。

因为家里的小朋友正处于活泼好动时期，所以客厅尽可能选取小体量家具，比如小推车和边几等，为小朋友留出足够的活动空间。

沙发结合飘窗区设计，可作为聊天、聚会以及休息区，多种家庭场景可灵活切换。

用整面收纳柜代替传统电视柜，接近3 m 长的收纳柜可以收纳小朋友的零食、学习物品以及玩具。上方预留投影仪轨道，闲暇时全家人可一起观影，享受居家温情时光。

（3）设计空间—— 厨房

业主平时以炒菜为主，油烟较大，为避免油烟扩散到其他区域，因此设计为封闭式厨房。厨房采用玻璃门，隔绝油烟的同时，又能保证采光与通透感。

柜体高度根据业主身高设置为 850 mm，能有效减少做饭时的弯腰次数；台面深度为 600 mm，摆放盘碟无压力。如果想将烤箱、冰箱等电器嵌入柜体中，则需在定制柜体前提前了解电器尺寸，从而不留一丝缝隙。

L 形厨房动线布局清晰，从冰箱里取出食材，清洗食材，备菜，做菜，盛菜端出，烹饪动线流畅。并且按照拿、洗、切、炒的操作顺序，就近布置了相应的储物空间，拿取相关物品毫不费力。

（4）设计空间—— 休息区

卧室的核心功能是休息，去掉烦琐的设计，打造清爽的入睡空间。整体采用简约的线条，搭配低饱和度的色彩，营造出宁静舒适的睡眠氛围。

因为女主人的衣物较多，所以我们在卧室内打造了两面收纳墙。一侧主要用于挂放衣物，可收纳 35~75 件上衣、10~20 条裤子；另一侧主要叠放内衣物以及过季被褥等。

由于男主人偶有加班任务，因此在靠窗处增设了办公区，工作之余男主人也可欣赏窗外风景，缓解压力。

（5）设计空间——儿童房

儿童房里的云朵灯，是小朋友的最爱。拍摄时，他开心地与我们分享这盏“趣味灯”。

学习桌旁是小朋友的衣柜，采用推拉门与墙体相结合的方式，隐蔽式收纳让空间“物尽其用”。衣柜进行分区收纳，分为上衣挂放区、裤袜叠放区以及被褥区。其中挂放区的高度应根据小朋友的身高设置，便于其日常拿取衣物。

（6）设计空间——卫生间

我们将镜柜与台盆柜相结合，同时在坐便器上方内嵌收纳柜，能满足日常储物需求。

另外，选用无卫生死角的壁挂坐便器和小喷枪的形式，便于日常清洁打理。双卷纸盒的细节设计，缓解了纸巾不足的焦虑感。淋浴区使用玻璃门与干区进行分隔，避免洗澡时打湿坐便器区，实现干湿分离，耐用又实用。

2.2 美学原则

住居空间设计的核心在于创造既美观又实用的生活环境。美能够提升空间的品质和氛围感，给人视觉上的享受，使人在其中感到舒适和愉悦。然而，外在的美观并非孤立存在，必须建立在实用性的基础之上。

【美学原则 1：焦点与从属】

彼此相关的物品应当靠近，归组在一起。如果多个物品之间存在亲密关系，则可以组成一个视觉单元，成为房间中的焦点。

许多新手设计师的作品里常常充斥着太多内容，物品不但四处分布，而且占据了每一处空间，这样的做法不仅使空间显得杂乱无章，还使空间中没有任何留白。应将相关的物品组织在一起，使它们相互靠近。但并不是说一切都要靠近，要有意识地注意关系的动线，从哪里开始，沿着怎样的路径，到哪里结束，完成一个路线之后，接下来到哪里。整个过程应该合理有序，有明确的开始和结束。这样一来，物品凝聚为一体，而不再是杂乱一堆。

▲图片来源于恒田设计项目——北京北苑壹号院

物理位置的接近就意味着它们存在关联性，上图很好地阐释了这个概念。

在美学的追求上，案例中很好地处理了室内空间上中下的轻重关系。一方面，沙发等大件物品沿墙布置，给人以稳定感；另一方面，墙上的挂画、壁饰也遵循上轻下重的布置原则，在布局时明确了家具和配饰的关系。

【美学原则 2：对称与均衡】

任何物品都尽可能不要在空间里随意出现，每个物品都会与其他物品产生某种视觉联系。因此采用对称的处理手法可以营造一种清爽、整洁的氛围。

在设计中，对称是一个重要的概念，其根本目的是使空间统一而有条理。其效果类似于把四处散落的玩具捡起来，并放在一个玩具箱中。无论元素在哪，都可以在空间中找出与其对称的元素，尽管这两个元素有可能相距甚远。

均衡是指物体色彩、形状所产生的重量感与视觉感受一致，从而达到视觉上的平衡。这是在不对称中求稳，由形的对称变为量的对称，使整体看起来稳定与统一。均衡可以通过物体的大小、颜色、形状等来实现，以确保在视觉上不会显得过于单调或混乱。下图中的案例将对称与均衡的原则运用得恰到好处。

▲ 图片来源于恒田设计项目——深圳前海时代

方正的空间、完全平行的搁板或许会让业主感到严肃和死板。两扇拱门的设计不但实现了上述所讲的对称原则，还成为方正空间中的亮点。书架没有位于两扇拱门的正中间，而是靠近窗户，不仅实现了良好的采光效果，其打破常规、不规则的外形设计还体现了设计师良好的品位。

【美学原则 3：重复与韵律】

在现实生活中，事物现象的重复与韵律能激发美感；在设计中，重复元素既能增加条理性，又可以加强统一性。重复的目的就是统一、增强视觉效果。韵律类似于音乐中的节奏，通过元素的排列组合而产生有规律的变化，使空间具有动态美感和节奏感。旋转楼梯就是一个很好的例子，说明了重复并不表示必须重复完全相同的元素，找到它们的共同点，比如材质或颜色，并进行分类，形成韵律美，增强视觉效果。重复与韵律不是相互对立的，而是相辅相成的。

▲ 图片来源于恒田设计项目——兰州黄河家园

【美学原则 4：协调与对比】

室内设计的协调是指各种构成材料之间、局部与局部之间、局部和整体之间的共鸣，对比是为了避免室内元素太过相似。如果元素的颜色、材质、体量、形状等不相同，就让它们不同到极致，截然不同的元素会让空间更具吸引力。想要实现有效的对比，元素就必须要强烈。

▲图片来源于恒田总部实拍图

▲图片来源于恒田设计项目——北京新天地小区

【美学原则 5：比例与尺度】

比例是指物体各部分之间的尺度相对关系，它决定了物体的协调性和美感。黄金分割比想必大家都听说过，比如古希腊的帕特农神庙和文艺复兴时期的圣彼得大教堂等经典建筑，都是通过严谨的比例关系打造出了和谐的整体效果。

尺度是指在某个固定空间中，陈设物和人之间的关系。合理的尺度设计能够提升居住者的舒适度和安全感。

2.3 动线原则

什么叫“动线”？人在室内有方向性的移动的点，连起所有点成线的过程就叫作动线。

每个动作结束点的区域都是综合功能区的位置所在，动线设计就是解决这条线上因人的需求、生活方式不同而产生的问题。

【动线分类】

1. 访客动线

访客动线是指来访客人的活动轨迹。从玄关开始，经过客厅，再到阳台或卫生间等区域。

动线设计应确保客人能够顺畅地参观家中环境，同时注意保护居住者的卧室、卫生间等空间的私密性。

2. 居住动线

居住动线是指居住者的活动轨迹。从卧室开始，延伸到去卫生间洗漱，再到厨房备餐，最后到客餐厅用餐或休息。

动线设计应充分考虑家庭成员的生活习惯和需求，应尽可能短且直接，避免不必要的绕行和交叉，减少折返路线。还应尽可能确保私密性，例如，卫生间应该靠近卧室，客厅和卧室应尽量避免相互干扰。

3. 家务动线

家务动线是指烹饪、洗衣、打扫的活动轨迹。主要集中在厨房、餐厅、卫生间、阳台等涉及家务的空间。在以上三条动线中，家务动线是最烦琐的。

动线设计应尽可能考虑家务进行与完成的轨迹，确保家务活动顺利进行，并减少不必要的劳动。为提高家务效率，我们可以从源头解决问题——进行“去家务化”设计，通过优化室内布局和细节，减少家务劳动量。

烹饪、洗衣、打扫三大类是我们常见的家务劳动，它们的时间成本和劳动成本大不一样，要分别制定合理、流畅的家务动线。

（1）烹饪动线

①拿取食材→②清洗→③处理加工→④烹饪→⑤盛盘端出。

小知识：打造食物综合收纳区

并非所有食材都适宜冷藏，可以在冰箱附近规划一个专用的食品收纳柜。不宜冷藏的食物有很多，比如香蕉、芒果等水果；黄瓜、青椒、西红柿、茄子、南瓜、洋葱、大蒜、土豆、红薯等蔬菜；还有面包、月饼等焙烤食物，以及火腿、中药材、巧克力、蜂蜜、果脯和咖啡等。

（2）洗衣动线

①拿取脏衣服→②清洗→③晾晒 / 烘干→④存放。

在独立家政间里，脏衣收纳、洗衣液收纳、洗衣机、烘干机和电动晾衣杆配套，组成了洗衣综合收纳区。

（3）打扫动线

①拿取工具→②清洁→③放回工具→④倒垃圾。

在靠近家政间走廊处设置家政柜，柜内收纳吸尘器、扫把、拖布等。柜内设置活动层板，根据清洁工具灵活调整收纳空间。清洁完成后，就近在家政间完成清洗清洁工具，缩短家务动线。

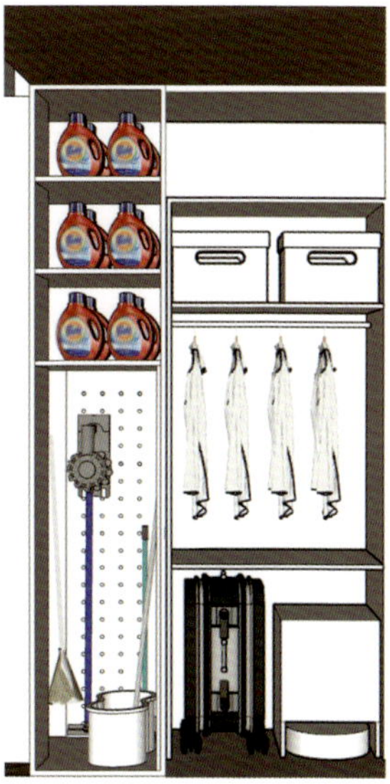

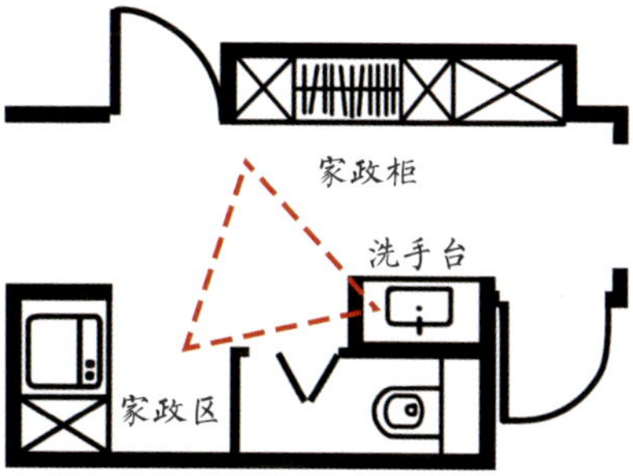

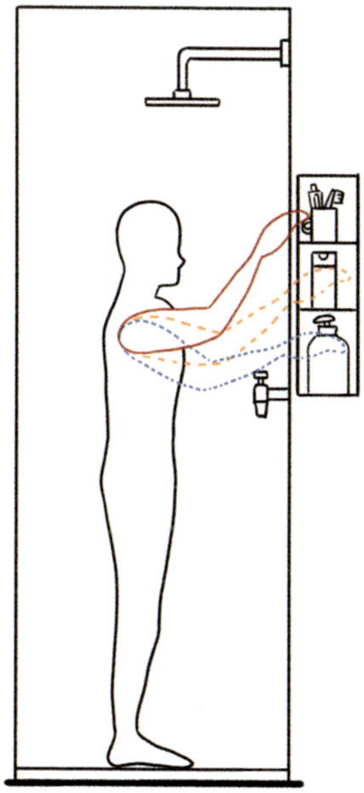

4. 微观动线

除了宏观层面的动线规划，我们不能忽视对微观动线的精细考量。这些看似细微的动线设计，直接关系到居住的质量，它们才是解决诸多日常不便的关键所在，这也决定了家是否真正的舒适。

（1）淋浴间壁龛设计

动线设计应考虑从上到下的操作步骤：刷牙、洗头、沐浴。将牙刷、牙膏、漱口杯等放置在壁挂式收纳架的最上层，确保它们远离水源，保持干燥。

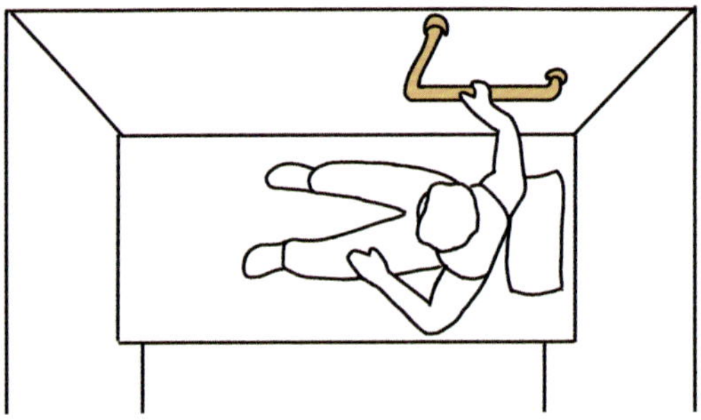

（2）家有老人这样做

如果老人起床困难，则可以增设起床辅助器。沿床两侧安装可调节高度及角度的扶手，确保其可以根据老人的身高和需求进行调整。扶手表面应覆盖防滑、舒适的材料，比如防滑橡胶或软质塑料，确保老人起床时有稳定的支撑点。

在床的侧边或床头附近可以设计一个深度适中、宽度略大于拐杖直径的凹槽或专用支架。凹槽应既稳固又易于取放拐杖，保证拐杖不会因意外碰撞而掉落，同时边缘应做圆滑处理，避免划伤。

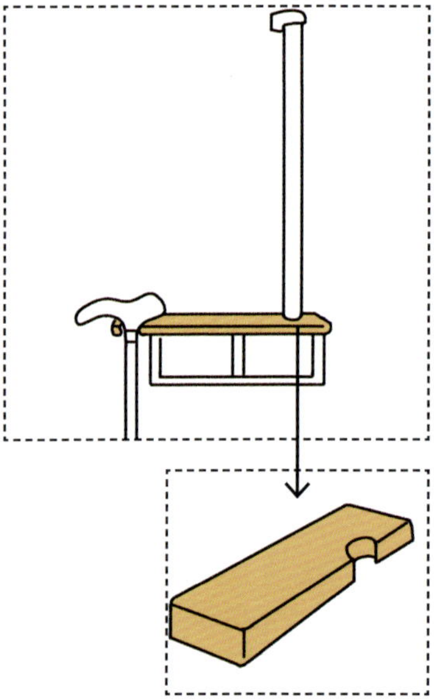

随着老人记忆力的衰退，常用药品应收纳在最安全且便于找到的位置，应存放在表面或易拿取的地方，较高和较低的收纳位置都存在使用上的不便。距离地面 600~1200 mm，是最为合适的位置。

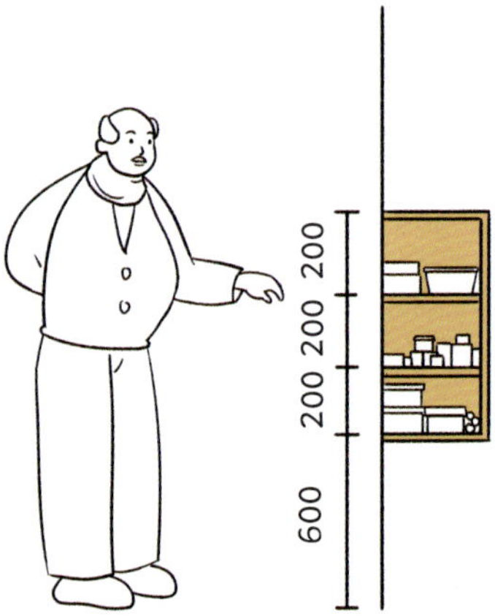

【动线设计原则】

基于居住者的实际需求和生活方式，同时兼顾空间划分、视觉连贯、活动轨迹、空间利用、环保节能和安全性、人性化等因素，确保动线流畅且便捷。

动线设计原则	注意事项
实用性原则	应考虑居住者的实际需求和生活方式，合理规划主要动线和次要动线
空间划分原则	应考虑不同空间功能之间的划分，避免交叉干扰和冲突，同时保持空间的连贯性和整体性
安全性原则	应满足居住者的安全需求，尤其是老人和儿童，避免设计上存在的潜在危险点，比如尖锐的边角、易滑的地面等。可以在过道和楼梯处设置扶手，在卫生间和厨房等易湿滑的区域使用防滑地砖
视觉连贯原则	应保持视觉的连贯性，通过合理的布局和空间处理，使动线在视觉上流畅、统一，给人带来愉悦感。可以利用镜子、玻璃等材质放大空间感
活动轨迹原则	应基于操作的路径，减少不必要的走动
空间利用原则	应根据空间规划和布局要求，充分利用空间，避免产生冗余和浪费。比如在餐厅中，应根据家庭成员的数量和习惯选择合适的餐桌，以充分利用空间并满足用餐需求
人性化原则	应符合人体工程学原理，考虑居住者身体特征和活动习惯。比如在厨房中设置高度合适的操作台、使用舒适的橱柜拉手等

【动线设计技巧】

如何为空间增容？如何通过设计减少家务的耗时和强度？如何能让房子在住了多年以后依然舒适如初？从这些细微处着手，才应该是满足当下社会需求的设计。

1. 集合功能区，家务更顺手

如果家中没有独立晾晒区，那么可以利用洗衣区加烘干机，配合脏衣篮、清洁用品收纳柜，打造一个小型的衣物洗晒专区。厨房家电、家务工具的收纳也是如此，提前设想好日后需要哪些用品，量身定制收纳空间，集中收纳，并规划好所需的插座。

小知识：利用烘干机代替自然光晾晒

强阳光晾晒会导致纤维硬化、变形、褪色，尤其丝绸、亚麻、羊绒等昂贵特殊的面料更是如此。比如羊毛衫暴晒后纤维会损坏，弹性降低、蓬松感变小，甚至出现缩水现象。南方回南天及梅雨季导致衣物难干，阳台上的衣物越来越多，也削弱了家的温馨与整洁。而烘干机可以完美解决这些问题，不仅不易损坏衣物面料，还能解放阳台空间。

2. 根据动线规划收纳空间

下雨天进入家门后，玄关的动线始于放置雨伞。为便于收纳并防止水滴落地，建议在鞋柜一侧设计带有滴水盘的雨伞收纳盒或挂钩。随后换拖鞋，可在鞋柜下方设置便于取用的拖鞋收纳区，比如拖鞋架或开放式格子，以便轻松更换。

3. 设置弹性空间，卧室也能拥有多功能

生活中，卧室往往只有单一的睡觉功能或仅承担部分收纳任务。然而增加一张小桌台就能在卧室内实现其他功能，生活也会更加便捷。

小桌台本身可以作为水吧，晚上想喝水时，不需要再绕行至厨房。女主人早上起床后，小桌台可以当作临时化妆台，还可以作为小型的家庭办公区。

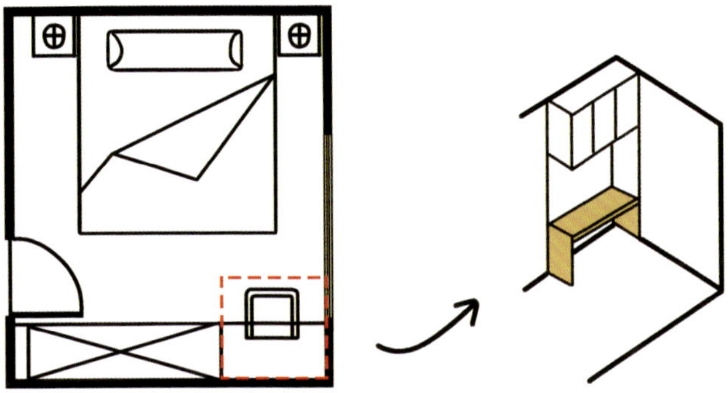

【动线设计手法】

1. 动静分离

访客动线、居住动线和家务动线三条动线应互不交叉，这是动线设计的基本原则，也是户型 + 动线良好的标志。还应注意动静分离，将经常活动的区域（客厅、餐厅、厨房等）与需要安静的区域（卧室、书房等）分隔开，以减少相互干扰。

2. 便捷性与流畅性

主要动线指从入户到客厅、厨房、卫生间等日常人流量大的区域，应直接、流畅，避免穿过其他功能区或受到家具阻碍。此外，单条动线也应优化，例如厨房动线，备菜区、烹饪区和传菜区应形成三角区域，确保烹饪过程既顺畅又省力。

3. 功能就近

将功能接近 的区域设计在一起，比如厨房和餐厅相邻，缩短动线距离和提高使用效率。

4. 洄游动线

洄游动线也可以理解为回形或者环形的动线，由著名建筑大师勒 · 柯布西耶提出。

顾名思义就是动线的轨迹酷似回字或者日字，通常是围绕着某一个空间为中心进行洄游。在这段回字形或者日字形的动线中，串联起各个功能空间，提高了动线的流畅性和空间利用率。

下图是一个非常典型的项目。在原户型布局中，异型空间较多且较为分散，日常使用多有不便。设计师优化布局、重塑空间，把储藏室和厨房的位置打通，将原有的储藏室变成了拥有回字形动线的厨房，并增设了独立的家政区。

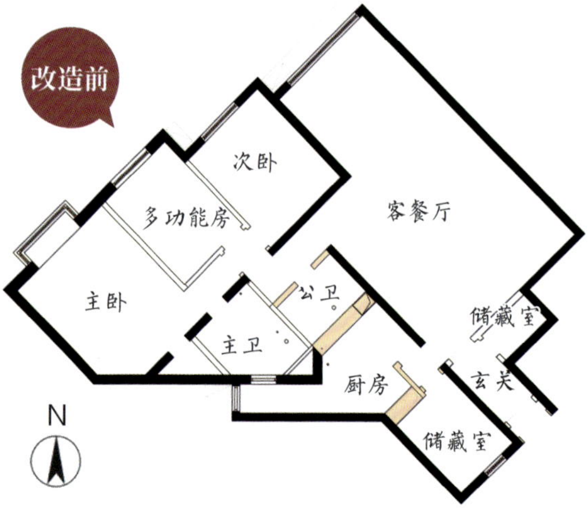

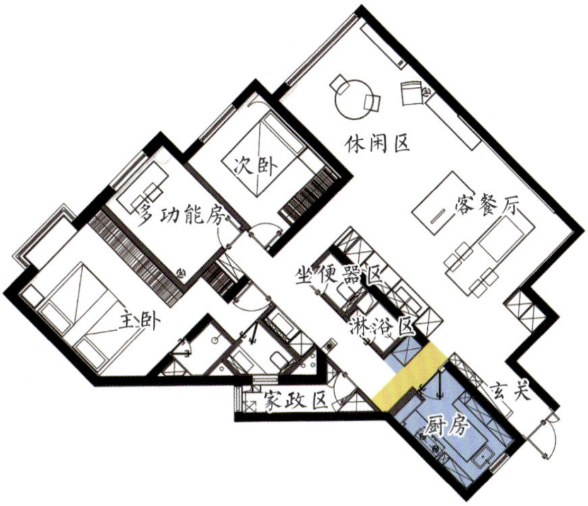

在厨房外过道旁布置了一个冰箱，使过道空间与厨房空间相叠加。如果不断重复这样的叠加，则能丰富整个空间的功能。

公卫的洗手盆、坐便器区共用同一个过道空间，过道的面积再次被重复利用，成功帮业主节省了 2 m^2。

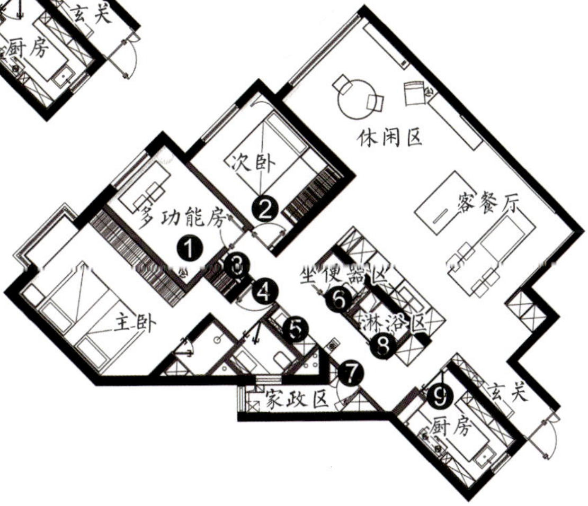

洄游动线是高效利用空间的一种设计方式。改造后的公卫旁形成了一条 5 m 长的过道，并串联起 9 个不同的空间，打破了过道的单一功能。另外，隐形门增强了空间的整体感。

的建筑物转化为真正的“家”。在英语中，“house”和“home”有所区别；而在一些北欧语言中，“huyggelig”意为营造一种有效的、温暖的家庭氛围，王恒的作品正是对这种理念的现代诠释。

他不仅是一位出色的设计师，还是一位积极的传播者。他的作品始终保持着高质量，并通过多种渠道推广设计文化。这让我想起了我的另一位学生，意大利知名建筑师保拉·马雷拉（Paola Marella）（不幸的是，她最近去世了）。她在意大利通过电视节目和新媒体平台推动了室内设计文化的大众化，将设计从专业领域延伸至生活方式领域。

在过去的十年里，我作为中国室内设计奖——筑巢奖的评委，有幸见证了中国室内设计的发展过程。我欣喜地看到，越来越多的人开始关注微型住宅的设计。这一趋势不仅在中国显著增长，在欧洲也同样如此，尤其是在意大利这样一个旅游业发达的国家，第二居所的需求日益增长。微型住宅的设计不仅挑战了传统的空间规范，还催生了新的创新家具系统，以及促进了建筑材料的发展，更强调可持续性与灵活性。正如王恒在书中所言，无论空间大小，我们要适当减少不能解决问题的形式感设计，让设计更贴近居住者的实际需求。

这本书不仅对中国市场具有创新意义，还与即将于米兰设计周期间在三年展博物馆举办的筑巢奖展览相呼应。该展览旨在通过展示过去六十年间中国家庭空间的演变过程，向国际公众呈现中国设计的非凡变革。

王恒具有强大的科学背景和丰富的实践经验，这本由他精心编著的书籍，聚焦于住宅室内设计及现有建筑的适应性改造策略，为设计学科赋予了新的社会价值。我相信，这本书将为读者带来深刻的启发，并推动更多人关注如何通过设计提升生活质量。

意大利米兰理工大学设计学院原院长、教授　拜拉维提斯

推荐语 2

缘起于自身装修的痛点，我创立了“装小蜜”互联网家装监理平台。十年栉风沐雨，我见证了中国家装行业发展的潮起潮落，也深知行业内长期以来存在的诸多痼疾与痛点。信息不对称、施工不规范、设计不落地……无数家庭在追求美好生活的道路上，遭遇迷茫与困境。

与王恒兄相识，我们一见如故，每次见面我都能深深感受到他身上那份对人居环境的执着与热爱。他让我明白“家”，不仅是钢筋水泥的堆砌，还是承载情感、寄托梦想的港湾。如何让“家”真正回归“以人为本”的初心，如何让设计真正服务于生活，而非仅仅是炫技与堆砌，我相信他创立的精细化设计体系是一个很好的答案。

王恒兄是当之无愧的中国精细化设计体系的创造者和布道者，他远赴日本、意大利求学深造，汲取东西方设计精髓，却并未沉溺于高冷的艺术殿堂，而是将目光投向了更广阔的中国家庭，潜心研究更贴合当下中国人生活方式的家居设计之道。他提出的“精细化设计”，并非简单的“精致”二字可以概括，而是一种更系统、更科学、更人性化的设计理念与方法论。

精细化设计，是对传统室内设计的革新与超越。它不是仅仅关注风格的堆砌、材质的奢华，而是深入洞察居住者的真实需求，从空间布局、动线规划、功能配置，乃至每一寸空间的利用、每一个细节的打磨，都力求做到极致的合理与舒适。它如同庖丁解牛般，将看似复杂的住居空间，拆解为可量化、可优化的系统，再以精湛的设计技法，重塑空间的秩序与价值。

在本书中，王恒兄毫无保留地将多年来的设计实践与思考倾囊相授，从玄关、客餐厅、厨房、卧室、儿童房、卫生间，到功能原则、美学原则、动线原则，再到七个不同户型的精彩案例解析，系统而详尽地阐述了精细化设计的理念、方法与应用。这不但是一本家居设计指南，而且是一本关于生活方式的思考之书。它引导读者重新审视“家”的意义，思考如何通过设计，让“家”更好地服务于生活，提升居住的幸福感与品质感。

我深信，精细化设计理念的普及与推广，将为中国家装行业带来一场深刻的变革。它将推动行业从粗放式发展走向精细化运营，从过度追求表面效果回归到关注居住者的真实体验，真正解决中国家装行业长期以来存在的诸多痛点，让更多家庭享受到更高品质、更舒适、更健康的住居空间。

王恒兄的这本书，正是这场变革的先声与号角。它不仅为行业从业者提供了宝贵的实战经验与设计思路，还为广大家庭开启了一扇通往理想人居的大门。我衷心希望，这本书能够被更多人看到、读懂、应用，让精细化设计的理念深入人心，最终惠及千家万户，共同谱写中国理想人居的新篇章。

“装小蜜”互联网家装监理平台创始人　王志峰

推荐语 1

很高兴向大家介绍设计师王恒的新作品。在意大利米兰理工大学，我在教授建筑师室内设计多年后，创立了工业设计硕士学位的学术项目，涵盖了从室内设计到时尚设计的不同领域。作为继续教育的一部分，我们启动了一个面向中国在职人士的室内设计硕士项目，项目的主要研究方向是设计艺术与空间，而本书作者王恒正是这一项目的杰出代表，我特别荣幸能够分享我的中国学生王恒的作品。

王恒以敏锐的洞察力，准确把握了一个重要的核心理念，那就是需要根据每位客户的需求来思考每个项目，并将其有效地应用于中国城市的实际情况中。在中国，由于房地产成本持续上涨，因此需要合理化利用空间来减少空间浪费，从而实现重新利用现有建筑，优化区域内已有的资源。这种新视角提高了人们对土地合理利用的关注度，并提升了那些长期以来认为应该被拆除、不符合现代性的建筑的价值。

王恒已经编著出版了一本主要面向设计师的书籍《理想的家　住宅精细化设计》，我认为这本新出版的《理想的家　精细化家居设计全书》更有意义，不仅针对设计师，还针对大众读者。书中，他提出了多种设计解决方案，旨在提高人们对家庭空间的使用意识。书中的图示非常实用，能引导读者思考不同的使用需求以及符合动线的家具布置。这种设计理念与德国建筑师恩斯特·诺伊费特（Ernst Neufert）于 1936 年出版的《诺伊费特　建筑设计手册》一脉相承。在我看来，以精细化设计为主导的中国市场的更新具有重要的现实意义。

王恒的作品让我想起了奇尼·博埃里（Cini Boeri）和卡洛·德·卡利（Carlo De Carli）等前辈设计师的研究与著作。他们强调了个体的中心地位以及室内设计对于更具人性化的建筑的重要性，这种设计能够将冰冷

3 住居空间的应用案例

—— 3.1 案例 1 ——

极简复式，拥有诸多细节设计

项目背景

这是一处建筑面积为 304 m^2 的复式次顶层，由于邻近中轴线，周围无高层，因此整体视野较好。和优点一样，缺点也显而易见，异型空间为生活带来了诸多不便，且承重墙较多，室内空间显得零碎，这给设计带来了新的挑战。业主希望能同时满足使用上的便利和视觉上的美感。如何抛去浮华、平衡尺度、合理分配空间，进而回归生活本质，在这个家中，我们给出了自己的答案。

项目概况

地点：北京　　面积：304 m^2　　户型：四室一厅　　居住人口：3 人

人物画像

爸爸：身高 178 cm，职业：互联网行业从业者，爱好：阅读、做运动。

妈妈：身高 162 cm，职业：互联网行业从业者，爱好：在家阅读纸质书、看电视剧、聊天，一周做三四次瑜伽。

女儿：身高 164 cm，爱好：看漫画（有四五百本书）、画水彩画、弹琴、做艺术类手工等。

一只 20 岁的长寿猫。

业主需求

◎三位居住者都近视，需要保证充足的光线。

◎一层就餐区设计得不太实用，整体布局需要做出较大调整。

◎男女主人均有阅读习惯，目前有藏书近千本。

◎希望有丰富的储物空间，把各种杂物都收入柜中或储藏室。

◎以黑、白、灰、木色为主，希望总体感觉偏温暖，适当加入低饱和度的蓝色或绿色。

◎客厅和卧室以木地板为主，希望墙面易于打理。

◎改善二层过道采光不足的问题。

设计思路

在原户型中，客厅的异型尖角造成了空间浪费，原始楼梯不仅占用了一层的面积，还让二层多出了很多无用的过道。常住三口人只需要两间卧室，过多的卧室不实用，整体布局需做出较大调整。

改造前

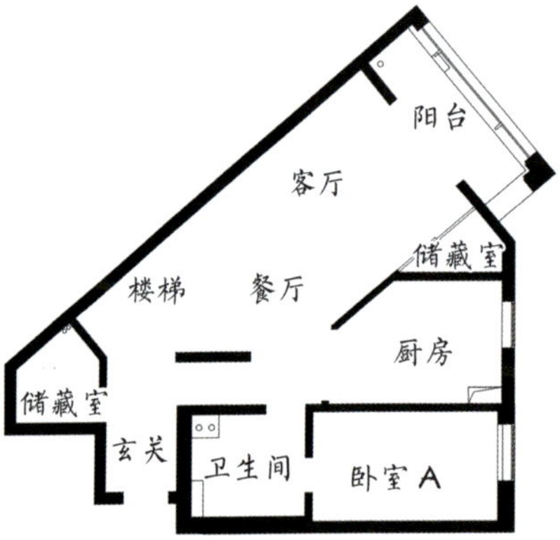

一层平面图

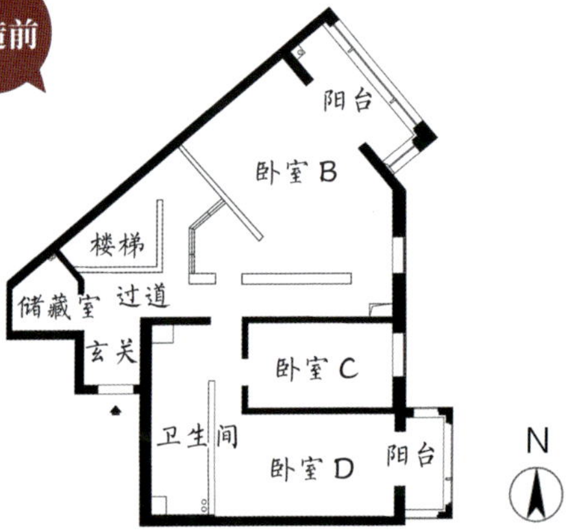

二层平面图

通过拆改墙体，将原来的四室一厅改造成两室一厅。书房可以一屋两用，收纳空间大大增加；改变楼梯方向，不仅提高了空间的利用率，也便于在主卧打造洄游动线。

改造后

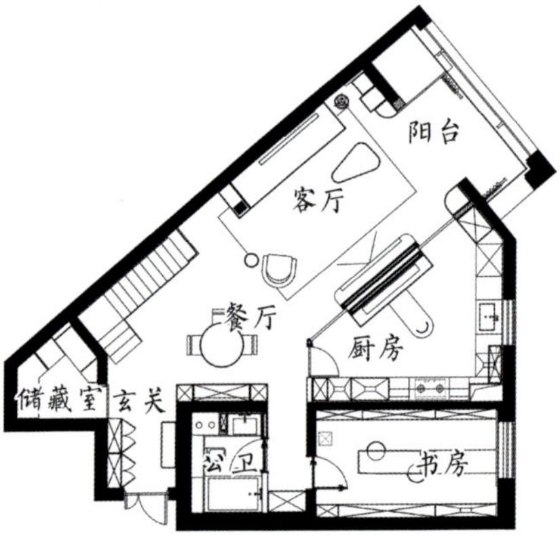

一层平面图

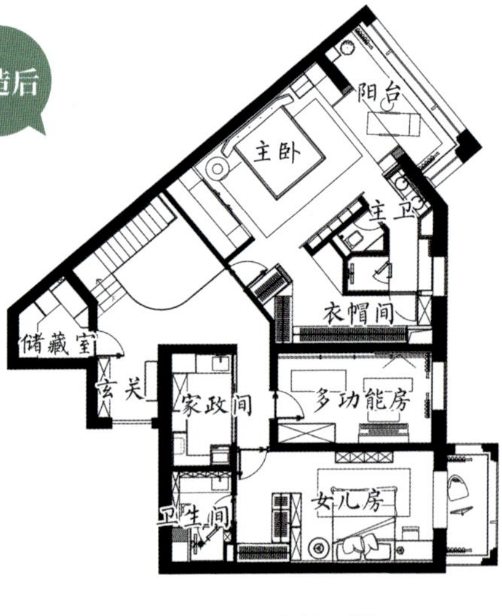

二层平面图

【设计空间 1：玄关】

◆设计细节：实用性大于形式感的玄关

我们根据无尘入户的理念，在进门处设置了玄关柜。玄关柜采用白色亚光板材，肌理细腻，使这个空间看起来宽敞整洁，不压抑。柜体中部镂空，开放格中可以放随手小物件，下方悬空作为常鞋位（专门用来放置外出穿的鞋子及拖鞋），柜体中放鞋子和次净衣。

此户型是顶层复式，上下两层都有玄关，玄关附近都有 4 m^2 左右的储藏室。一层储藏室以衣柜为主，如果家中来客人，那么外套可以收挂在里面。二层的储藏室则是开放格，在不同尺寸的收纳盒中存放户外用品、家庭工具。

【设计空间 2：客厅】

◆设计细节：节省空间的动线设计

改造前的就餐区离厨房约 5 m 的距离，改造后将餐边柜和餐桌靠墙布置，不仅缩短了餐厨动线，还使入户视野也更加开阔。

在顶面设置漫反射光源，避免光线刺眼，提高空间层次感和舒适感。

原来的客厅背景墙左侧是三角形的储藏室，很难收纳方正的物品，我们拆除了储藏室，在右侧用玻璃门代替部分墙体。这样就形成了一条“餐厅、厨房、客厅”的洄游动线，从厨房水槽到客厅和阳台不用再折返。

【设计空间 3：厨房、餐厅】

◆设计细节 1：巧用玻璃门，打造封闭式厨房

将隐藏在电视柜后的玻璃门合上，就可以成为封闭式厨房，隔绝油烟。原来的三角形储藏室多用来放置杂物，且无收纳柜体，改造后，布置方正的柜体，收纳效果更好。

◆设计细节 2：新增早餐吧，提升生活幸福感

考虑到生活的便利性，我们在厨房中心设置了早餐吧。餐边柜上是早餐常用的小家电，业主望着窗景吃早餐，幸福感油然而生。

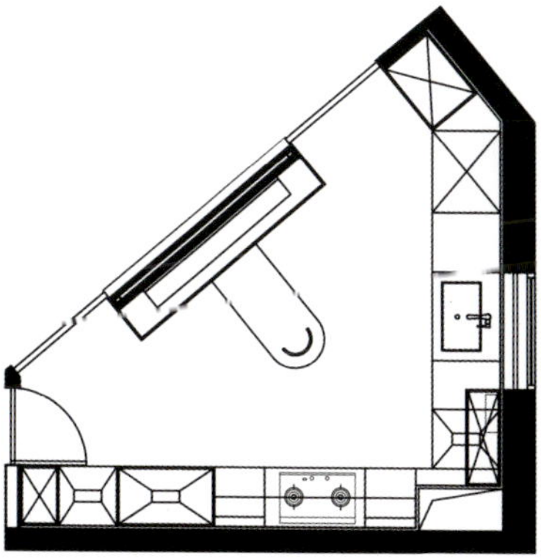

◆设计细节 3：预留扫拖机器人位置，与污渍说拜拜

精细化收纳是设计时的必要步骤。由于一日三餐的意外污渍，比客厅落灰难清洁得多，因此我们特意把扫拖机器人预留在了厨房。

安装嵌入式轨道插座，可以自由加入插头，不用时旋转一下即可断电，既方便又安全。

【设计空间 4：书房】

◆设计细节 1：隐身在墙中，书房变客房的玄机

家中留宿的访客很少，没有必要布置一张占用 3 m^2 空间的床。可以做一张 1.5 m 宽的下翻床，并隐藏在书柜中，为客人留宿做准备，不用时可将其收起，释放空间。

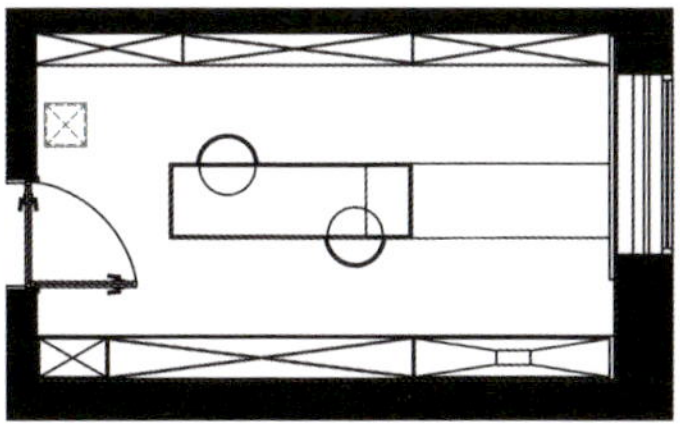

◆设计细节 2：量身定制书柜及灯光设计细节

根据家中书籍尺寸定制柜体，业主家中小尺寸的书籍较多，所以左侧书柜的深度只有 22 cm，右侧书柜深为 35 cm，用来存放尺寸较大的书籍。柜内层板中设有灯带，傍晚窗外的夕阳照进来，光影交错，颇有“书中自有黄金屋”之感。

【设计空间 5：主卧】

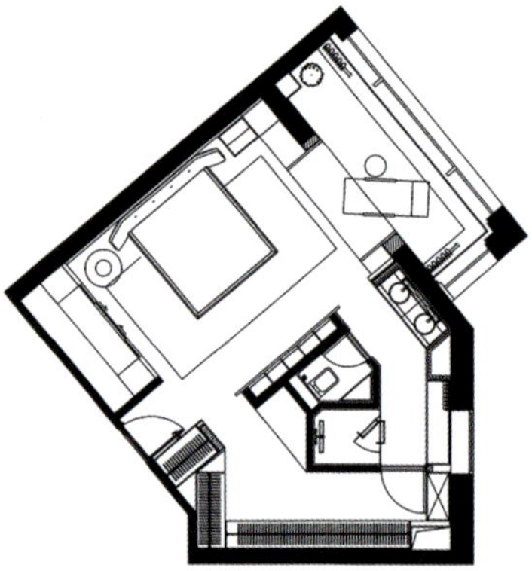

◆设计细节：书柜隐形门拓展更多功能

开放式书架面对床，主卧兼具书房的功能。两侧的门板合并后呈一条过道，两侧为隐藏起来的卫生间、衣帽间，将空间利用最大化，也贴合业主的早晚洗漱动线，晨间为起床、如厕、洗漱、更衣、出门，晚间为脱衣、沐浴、洗漱、睡觉，动线顺畅。书柜隐形门的设计，不仅将功能进行区分，还营造了舒适且静谧的氛围。

床头背景墙采用彩色壁纸，为空间带来了活力，且触感柔软，增加了空间的舒适度。

吊灯在满足基础照明的同时，也增加了空间的精致度。

【设计空间 6：公共空间】

◆设计细节：具有设计感的悬浮式楼梯

原始楼梯不仅占用了一层的面积，还让二层增加了很多无用的过道空间。改变楼梯的方向后，既可节省过道空间，还扩大了主卧的面积。

楼梯旁的一层屋顶上没有安装传统的下垂吊灯，而是用软膜天花板和石膏板，做出了更有未来感的照明形式，设计上更加简洁，也在视觉上使楼层更显高，柔和的光感也让居住显得宁静与温馨。

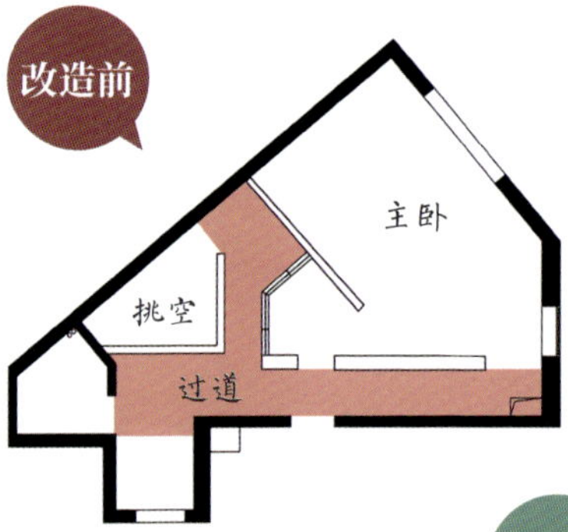

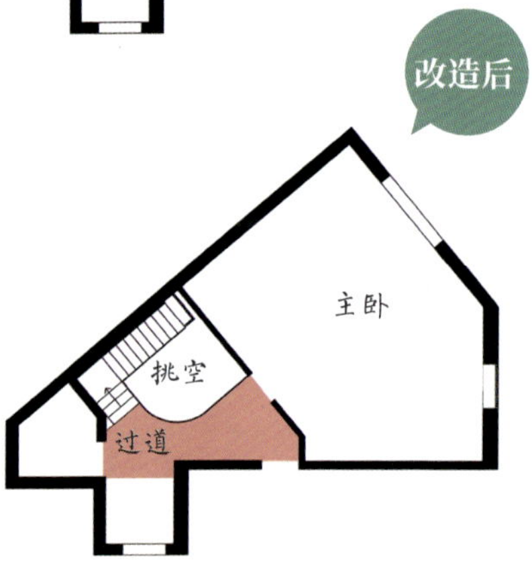

无论是一层的入户视野，还是二层的挑空视野，都变得开阔。把楼梯的固定装置和支撑结构隐藏起来，让踏板之间失去连接，再通过灯带映射，营造出了“悬浮感”。悬浮楼梯在确保功能性的同时，也增加了空间通透度。

【设计空间 7：家政间】

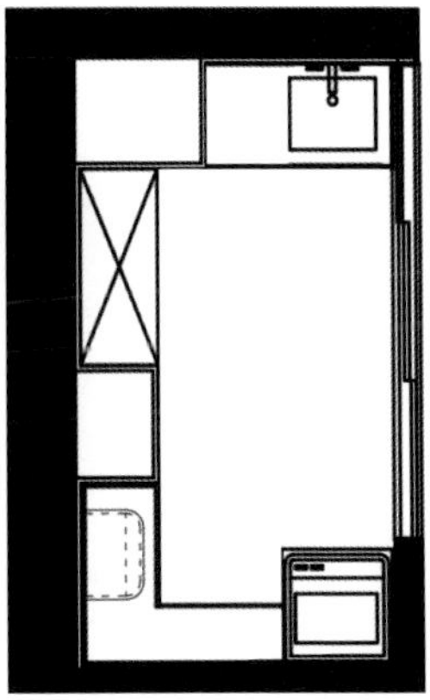

◆设计细节：让业主实现家务自由

整个家庭所需要的清洁工具、衣物清洗熨烫等物品全都集中在了家政间。家务，烦琐且日复一日，但设计可以让烦琐变得高效，还可以减少家庭成员的内部矛盾。整个户型面积并不小，但大空间不应该是豪奢的代名词。

所以无论空间大小，我们要适当减少不能解决问题的形式感设计，让设计更贴近居住者的实际需求。

本案亮点小结

① 完善玄关功能，细化入户储物间。
② 缩短餐厨动线，打造餐厅、厨房、客厅洄游动线。
③ 改变一层楼梯的方向，减少二层过道面积。
④ 在主卧套间内，根据业主早晚的洗漱动线打造洄游空间。
⑤ 将过于强调形式感的豪华卫生间改为实用的家政间。

—— 3.2 案例 2 ——

“老破小”教科书级别改造，谁敢信它竟然只有 59 m^2

项目背景

“老破小”是原始户型带给我们的直观感受。为了小朋友上学以及夫妻两人工作方便，夫妻俩最终选择购买建筑面积仅有 59 m^2 的二手学区房。由于是学区房，因此除非经济条件允许，否则业主至少 15 年之内不打算换房。

面积虽小但并不能阻挡业主对生活的热爱，一家人都希望能有一个长期居住的舒适空间。可当下就无法入住，何谈未来生活？设计师结合业主的需求重塑空间，“老破小”摇身一变成为温馨幸福的小家，承载未来全家人的美满生活。

项目概况

地点：上海　　面积：59 m^2　　户型：两室一厅　　居住人口：3 人

人物画像

爸爸：身高 182 cm，职业：互联网行业从业者，目前正在创业，时间相对自由，爱好：看动漫、收集手办、喝茶、养植物。

妈妈：身高 165 cm，职业：用户体验设计师，爱好：旅游、在家看电影、看书、画画。

女儿：身高 130 cm，小学一年级，爱好：跳舞、画画。

一只猫和一只狗。

五只乌龟。

业主需求

◎客厅的空间及窗户都很小，需要解决整体采光与通风问题。

◎入户门在正中间，布局不合理，业主希望得到解决。

◎三年内计划要二孩，需要预留空间。

◎储物量较大，需要有较多收纳空间，最好能取用方便，合理摆放物品。

◎需要有足够大的带灯带的手办展示柜。

◎目前书籍较多，包括尺寸不一的画册，希望营造家庭图书馆的氛围，又担心书籍全部外露存在卫生死角。

◎养了五只乌龟，需要为其预留空间。

设计思路

改造前

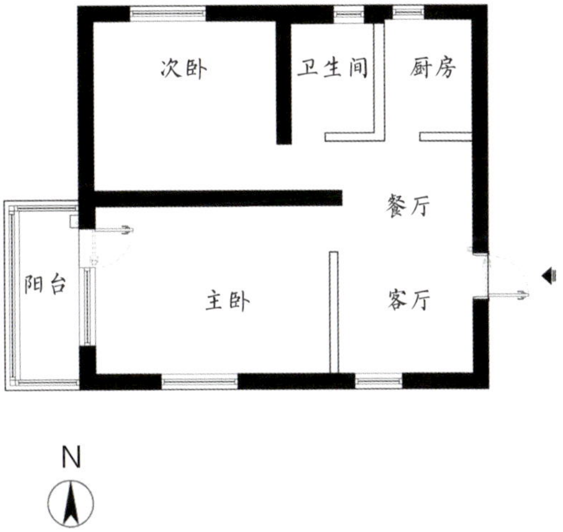

改造前全屋中两个卧室的面积几乎占据总面积的 2/3，客厅的空间局促，缺少交流与互动的公共空间，更无法满足家人来探亲以及朋友聚餐的需求。因为客厅只有一扇小窗户，又处于三层，外面的植物又高又多，所以整体采光不太好，厨房、客厅以及卫生间都被墙体分割了，通风差。

改造后

拆改墙体，最大程度上优化空间布局，改善采光与通风。把客厅变大，增加人与空间、人与人的互动，实现采光最大化，使自然融入业主的生活。

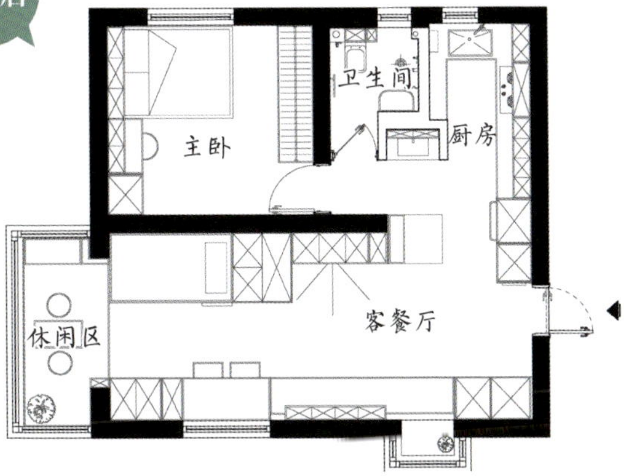

【设计空间 1：玄关】

◆设计细节：“无中生有”的玄关

原进门处只有顶部一排收纳柜，由于柜体过高，入户收纳极为不便。重新规划空间后，设计师在入门左侧布置了 1300 mm 长的收纳柜。柜体共有两处作用，一面主要收纳清洁用品，一面用于存放日常鞋子与日用品等，中部留有开放格，用来摆放展示品。

玄关柜与卡座组合设计，呈一条直线，家里瞬间清爽敞亮许多，卡座还能作为换鞋凳使用，积极利用空间中的每一处可能。

【设计空间 2：客餐厅】

◆设计细节 1：打开空间，充满阳光与爱的多功能核心区

各功能区交融串联，削弱了空间的边界感，延伸了视觉空间感。将原始非承重墙拆除后，打开客餐厅、阳台、厨房与家政区，破解原始小户型的逼仄感。

原客餐厅仅约 9 m^2，无法满足一家人在公共空间的互动与交流需求，且只有一扇小窗，即使在白天也要开灯。为了满足业主期望将暗厅变明厅、扩大公共空间的双重需求，我们将原主卧纳入客餐厅区域，使空间变得通透敞亮，并布置 800 mm 宽黑板墙，供一家人享受亲子互动的乐趣。入户第一眼，便能感受家的温暖。父母与小朋友之间彼此约定每逢节日就会制作相应的主题黑板画，让家里充满幸福感与仪式感。

黑板墙旁放置了活动餐桌，上方布置了可拉伸吊灯，方便一家三口用餐。与家人朋友聚餐时可将餐桌移动至卡座区，满足多人用餐需求；不用时将餐桌收起，在极小的空间里实现功能的最大化。

◆设计细节 2：超长卡座的收纳设计

家里面积小，自然不能浪费每一平方米的空间。为增加储物空间，设计师定制了长度为 3080 mm的超长收纳卡座。卡座的设计一举多得，既能作为沙发，还能作为餐椅和换鞋凳。底部四个抽屉分别存放装饰品、画画用品、玩具以及电子用品，分类储放让收纳更有序。

卡座上方与对面分别设计了三组收纳展示柜，放置着男主人的最爱——宝可梦手办。

飘窗向外延伸 500 mm，搭配绿植，为家中增添一丝生机，猫和狗也多了一处晒太阳的地方。

◆设计细节 3：双重功能的书桌设计

业主希望拥有两人共同办公以及亲子阅读的空间，所以设计师在靠近窗户处布置了长度为 1450 mm 的长书桌，同时在书桌旁设置开放式书架，业主一伸手便能拿取到书籍。

◆设计细节 4：上下铺设计

由于老人偶尔留宿，以及业主之后计划要二孩，因此采用上下铺形式，能满足目前以及未来的居住需求。

上铺的床头与床尾留有窗口，方便自然光线自由穿梭。下铺旁设计了 1150 mm×1400 mm（长 × 高）抽拉式收纳柜，用于挂放小朋友的衣物以及储存被褥、行李箱等。

【设计空间 3：休闲区】

阳台是全屋采光与通风最佳的位置，原来只用于晾晒衣物以及放置杂物，功能单一，空间利用率较低。拆除原隔断墙后，设计师把原阳台设计为休闲区，目前它也是全屋使用频率最高的区域。

◆设计细节 1：巧用高度差

在休闲区设计了高度为 150 mm 的地台，既有移步换景的形式感，又可隐性区分空间。男主人每日早晨会煮一杯茶，伴着茶的清香，开启崭新的一天。

◆设计细节 2：收纳设计

在休闲区两侧的空间设置收纳空间，一侧设计开放格，摆放男主人的收藏品，需提前确定收藏品的高度，定制各开放格的高度。另一侧为五只小乌龟的专属乐园，旁边水槽区特意使用抽拉式水龙头，便于为小乌龟上水或清理。

改造前

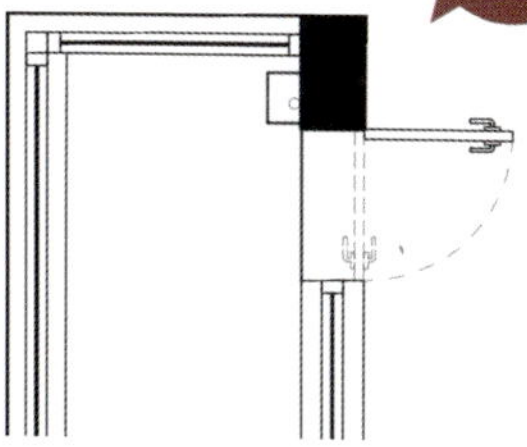

改造后

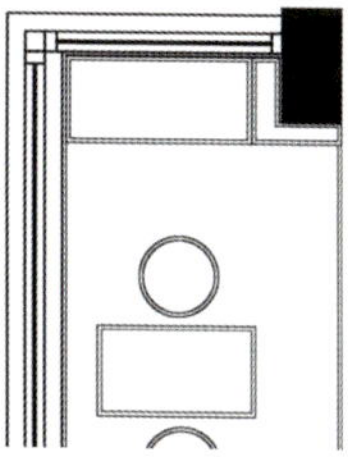

【设计空间 4：厨房】

◆设计细节 1：多重角度，最大化利用空间

原入户右侧依次为餐厅和厨房，空间压抑，居住便利性与幸福指数较低。设计师拆除非承重墙，将原封闭式厨房改为开放式，使得光线无阻隔穿过，空间更显通透；同时外置洗漱区，便于入户洗手消毒以及释放卫生间的使用压力。将冰箱外移，释放厨房操作空间。洗烘机上下叠放，上方柜体中就近收纳洗衣用品。因为上方柜体高度依照冰箱尺寸而制定，所以与洗烘机之间的高度差，恰好可作为补充收纳。

改造前

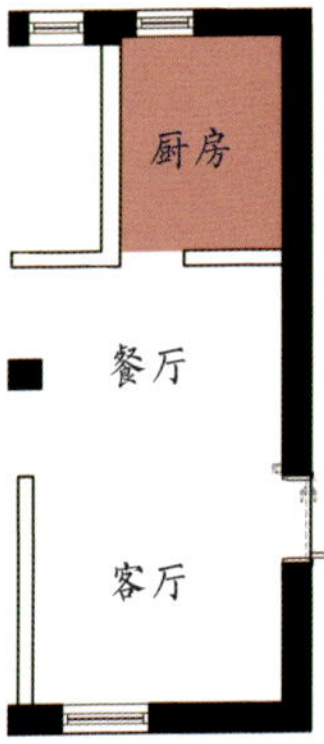

改造后

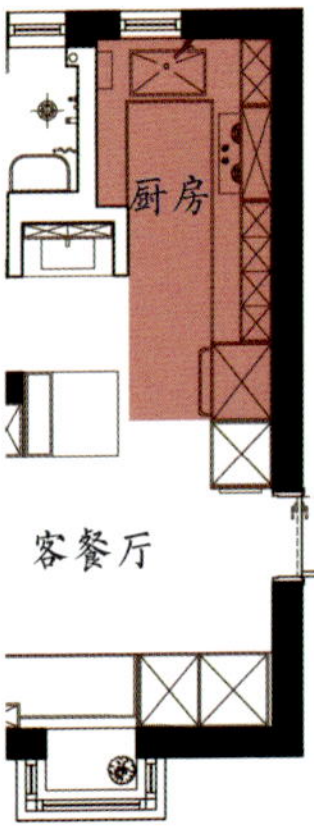

◆设计细节 2：麻雀虽小，五脏俱全

橱柜采用纯白色，与墙面融为一体，是小空间视觉上显大的不二法宝。

约 3 m^2 厨房采用 U 形布局，分区明确，将空间利用最大化。

【设计空间 5：主卧】

◆设计细节：面积虽小，但功能齐全

近 10 m^2 的卧室集休息、办公、学习、收纳以及观影多功能于一体，告别了原空间的单一功能。

为了满足业主办公、学习以及收纳的需求，设计师在卧室内布置工作桌的同时，还在上方安置了一排收纳柜，可储存书籍以及过季被褥等。左侧柜体采用木饰面，适量的木色削弱了大面积的白色带来的单调感；另一侧墙柜将内部进行合理分区，使衣物可分门别类放置，有序收纳是告别繁忙家务的必要前提。为了方便日常使用，柜中还内置了穿衣镜。

床对面的顶部安装投影幕布，睡觉前或闲暇时可观影，尽享慢时光。

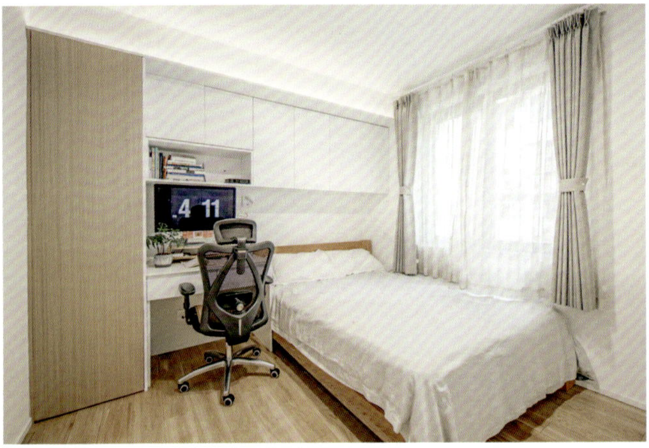

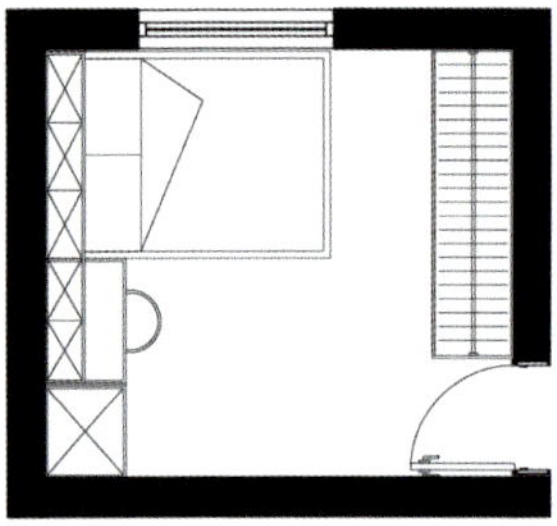

本案亮点小结

① 拆除非承重墙以及阳台隔断门，扩大客餐厅区域并最大限度引入窗景与自然光。

② 厨房由封闭式变为开放式，从 I 形布局改为 U 形布局，扩大了空间感。

③ 工作区、休闲区以及收纳展示区等功能区一应俱全，堪称“麻雀虽小，五脏俱全”。

④ 将洗漱台外置，释放卫浴空间，缓解使用压力的同时，又便于全家人洗手消毒。

⑤ 在全屋各功能区就近安排收纳空间，满足储藏需求的同时，还能释放台面空间。

—— 3.3 案例 3 ——

弧线元素搭配隐藏式收纳，这个奶油风居室处处美到心坎上

项目背景

本案例是由一层的平层毛坯房改造而成，也是委托人未来 5~10 年的唯一住房。在这个共同生活五口人的空间内，家庭成员都希望这个空间能有宽敞的感觉，以及轻松治愈的氛围。为了满足业主的需求，做好全屋收纳就显得十分重要。

项目概况

地点：北京　　面积：139 m^2　　户型：三室两厅　　居住人口：5 人

人物画像

爷爷：身高 170 cm，爱好：种菜、做饭。

奶奶：身高 150 cm，爱好：白天喜欢去公园打拳、晒太阳，晚上喜欢在电脑上玩游戏、看电视。

爸爸：身高 176 cm，职业：自由职业，爱好：越野、旅游、看电影、打游戏。

妈妈：身高 165 cm，职业：国企职工，爱好：写书法、读书、画画、做瑜伽。

儿子：身高 160 cm，小学五年级，爱好：滑雪、游泳、玩魔方、打游戏，收集乐高。

业主需求

◎喜欢隐藏式收纳，追求干净整洁的空间。

◎希望整体装修风格统一，如果乐高、瓷器等收藏品和整体风格不搭，则可以不做展示。

◎客厅与厨房保持一定的连通性，在整体空间内划分出功能区域。

◎一日三餐都会在家中解决，爷爷奶奶做饭偏中式，男女主人做饭偏西式，考虑做开放式厨房或中西式分离厨房。

◎女主人需要有一张书桌用于办公、看书、绘画，如果有衣帽间，那么就更完美了。

◎偏好饱和度低的莫兰迪色系，比如奶油色、暖灰色、杏色。

◎尽可能保留较多的地面空间，使整体视觉空间更显大。

设计思路

改造前

原功能区划分明确，但业主两人经常在家办公，迫切需要一个独立办公区。其他家庭成员也都希望空间更显开阔，所以厨房偏向于开放式。露天阳台保温隔热的问题需要解决。

改造后

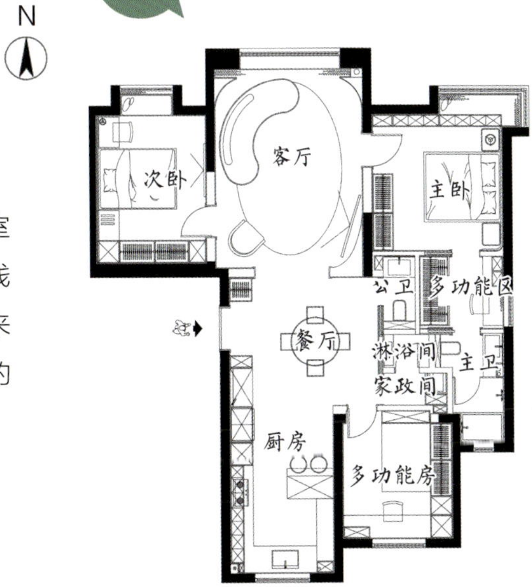

充分利用建筑结构的特点，保证室内的光线覆盖、空气流通。将自然光线巧妙地引入室内，不仅能够为空间带来温暖与活力，还能营造出宽敞而舒适的氛围。客厅使用透明或半透明的窗帘，在保证私密性的同时，允许光线透过。

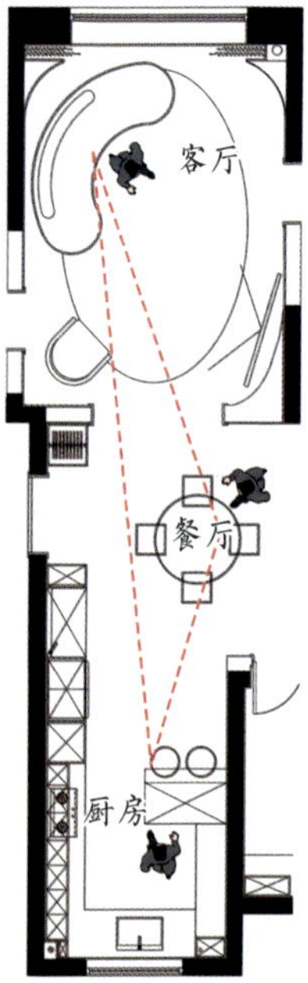

【设计空间 1：客厅、餐厅与厨房】

◆设计细节 1：视觉交互的公共空间

公共空间采用开敞式设计，能增强各空间的互动性和体验感，促进家庭成员的互动。

弧形的沙发恰似蜿蜒的河流，柔化空间棱角。利用圆润流畅的弧线修饰空间轮廓，为家增添些许灵动与柔美。沙发与拱形门和顶部弧形线条形成呼应，空间统一性在无形中增强。

主卧房门改为从客厅进入后，电视机只能靠边放置。电视机与沙发呈斜线布局，视觉上更显宽敞，同时强化了客厅的个性。

将原本的开放式阳台包进客厅，既增加了客厅的使用面积，又提高了空间的利用率。

在顶部靠窗处内嵌隐藏式晾衣架，晾些小物件十分方便。

◆设计细节 2：餐厨相连搭配隐藏式收纳

原厨房面积仅约 5 m^2，封闭式设计更显空间狭小，且操作台极为有限。为最大化开敞公共空间，使一家三代人的交流无阻碍，设计师选择餐厨一体化。确保无论家人在公区的任何角落，都可自由交流。

拱门为空间增添丝丝优雅，同时划分了客厅与餐厨区域，美观且实用。餐桌旁设计了独立的水吧区域，烤面包、泡茶、冲咖啡，十分方便。取菜、烹饪、用餐动线也非常流畅。

◆设计细节 3：玄关和餐厨空间的收纳设计

在靠近入户门处设计 350 mm 深鞋柜，轻松收纳鞋子，鞋柜左手边的柜子中收纳衣服和包包。玄关的一大亮点是入户门和两个卧室的门造型一致，交相呼应，整体感强。

从玄关向厨房延伸，打造长度为 4705 mm 的超长储物柜。按照区域就近收纳物品，保证台面空无一物，满足女主人隐藏收纳的需求。除留有 900 mm 宽的过道外，其余空间皆布置为操作台面。

◆设计细节 4：厨房细节设计

在吊柜下设计感应手扫灯，便于操作，为烹饪提供充足的照明。

操作台高度应根据操作者的具体身高适当调整，保证操作的舒适性。

【设计空间 2：主卧】

◆设计细节 1：功能性、舒适度双满分卧室

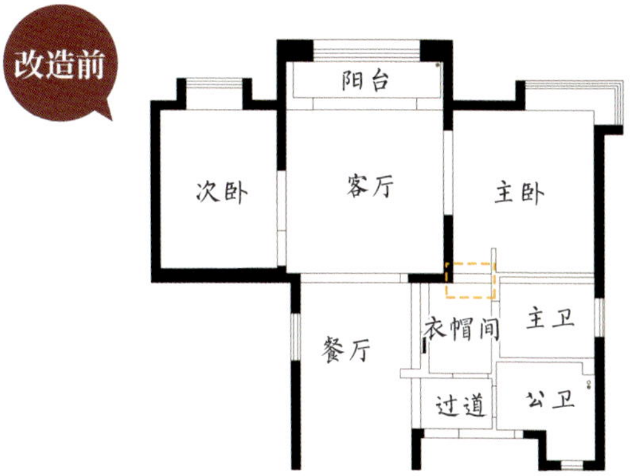

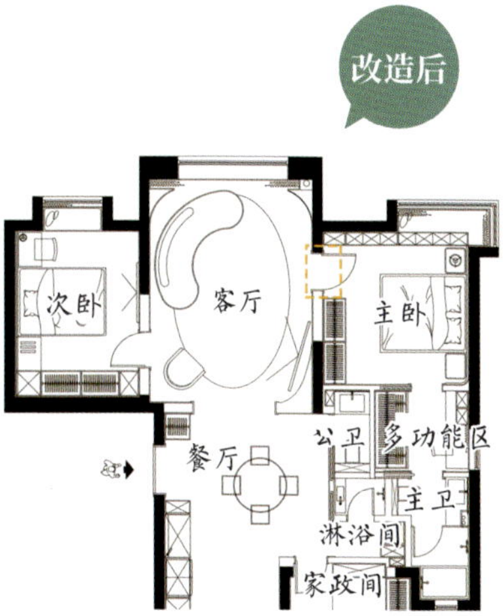

门的位置改变后，业主不必再穿过过道、衣帽间才能进入主卧，不仅缩短了交通动线，还增加了生活的便利。

改造后的主卧内还有书柜，衣帽间的收纳量也没有减少；将原来的公卫空间并入主卧套间后，还能放下浴缸；原衣帽间和小过道成为新的公卫和家政间；改造后的主卧套间私密性更强，新公卫距离公区也更近了。

◆设计细节 2：拱门设计，美观又实用

卧室内采用两道拱门的推拉门，靠近门的墙体夹角处同样做了弧形处理，细节满满，与整体风格保持一致，美观又灵动。

两扇移门划分出卧室、办公区与洗漱区。设计师专门为喜欢安静的女主人设计多功能区，办公、写书法和画画都可满足。办公桌背后还设有衣柜，也可作为小衣帽间。

◆设计细节 3：打造干湿分离的主卫

我们为了保证主卫内部实现干湿分离，采用玻璃移门作为淋浴区与干区的分隔。

【设计空间 3：次卧】

去繁从简，以简约大气的风格为主。床体两侧分别设置写字台和梳妆台，便于两位老人使用。原卧室房门靠墙，将房门稍加移动后，成功沿墙体放置了 600 mm 深的衣柜，且空间不显拥挤。

【设计空间 4：多功能房】

多功能房包含睡眠区、学习区与阅读区，不到 10 m^2 的空间实现了多种功能。房内的墨菲床，不使用时可收起，一收一放，书房与起居室一秒切换。

沿墙体放置长度为 3065 mm 的超长衣柜，柜内有序收纳书籍、衣物以及被褥等；在靠窗处设置学习桌，平时孩子学习、看书都在这里，小小角落充满舒适感。

【设计空间 5：公卫、淋浴间、家政间】

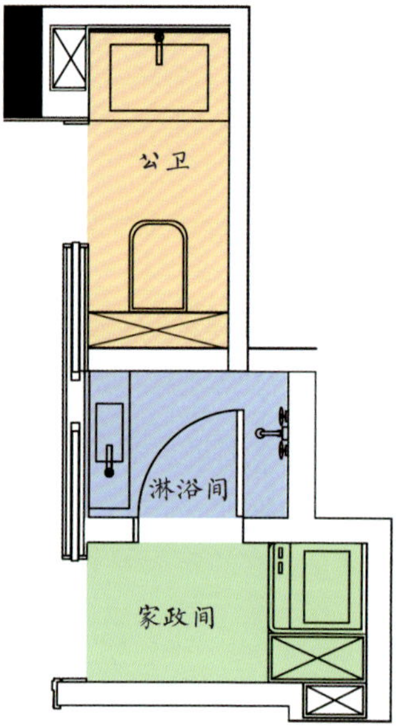

临近多功能房便是家政间和淋浴间，分区明确。

公卫将淋浴间独立，实现干湿分离。家政间集洗衣、烘干、清洁工具收纳为一体，集中收纳家中杂物，节省空间，使家务动线更加流畅。

本案亮点小结

① 主卧变套房，新增多功能区——满足办公、画画和写书法等需求，且私密性更强。

② 将封闭式厨房改为开放式，与餐厅相连，互动性更强且动线更加流畅。

③ 新增家政间，集中放置清洁工具，便于有序收纳与拿取。

④ 将次卧房门稍加移动，成功放置长度为 2970 mm 的超长衣柜，满足老人的衣物收纳需求。

⑤ 公卫淋浴间与洗漱区、坐便器区彻底分离，干湿分离一步到位，缓解了卫生间的使用压力。

—— 3.4 案例 4 ——

在家建了个“图书馆”，收藏 3000 多本书籍

项目背景

改造前，业主居住在一个面积约为 130 m^2 的四居室中，因为装修时间久远，所以最大的困扰便是空间杂乱无章。四处散落着未整理的衣物，包包也无固定存放之处，更别提 3000 多本心爱的书籍了，它们几乎无处可放。

再次装修时，业主翻阅了诸多设计案例，最终我们的设计理念获得了他的高度认可，所以找我们来做设计和施工。通过重新设计，巧妙解决了他目前面临的空间管理难题，并为其打造出了一个既美观又实用的新家。

项目概况

地点：北京　　面积：130 m^2　　户型：四室一厅　　居住人口：2 人

人物画像

男主人：身高 183 cm，职业：信托公司职员，爱好：看书、看日剧和美剧、徒步、慢跑、养一些简单的植物、做饭和做家务。

女主人：身高 166 cm，职业：银行职员，爱好：旅游、购物、健身、做美食、看综艺，偶尔写毛笔字、看书。

业主需求

◎希望室内明亮，灯光布局合理。

◎设计现代简洁，比较喜欢日式元素，环保、实用和耐用最重要。

◎需要较多的收纳空间，房间不用堆砌得太满，可以做大面积留白。

◎保留独立衣帽间，女主人喜欢在家试衣服、做搭配。

◎周末会邀请朋友小聚，需要有大餐桌。

◎比较喜欢开放式设计，在处理好油烟和噪声的情况下，厨房可以做开放式或者半开放式设计。

◎习惯进门就换整套衣服，玄关要有放次净衣和包包的柜子。

设计思路

改造前

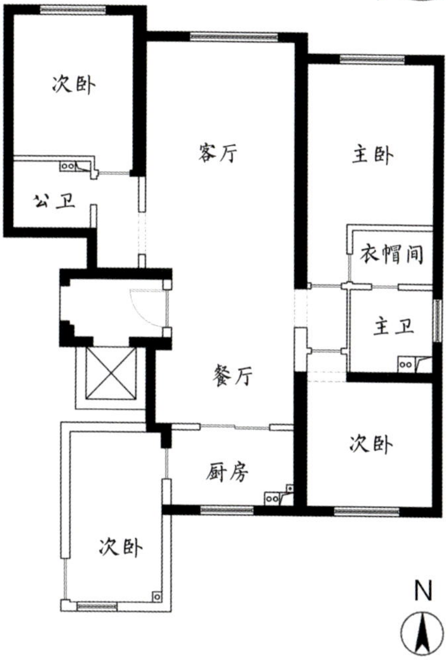

原始户型墙体布局较密集，使空间显得较拥挤和昏暗。业主希望保留四个房间，并确保其中三个房间都能睡人或临时睡人。此外，由于房屋朝向偏东，且西面受到其他楼房的遮挡，下午的采光不足成了亟待解决的难题。如何在满足空间功能和采光需求之间找到平衡点，成了设计的关键。

改造后

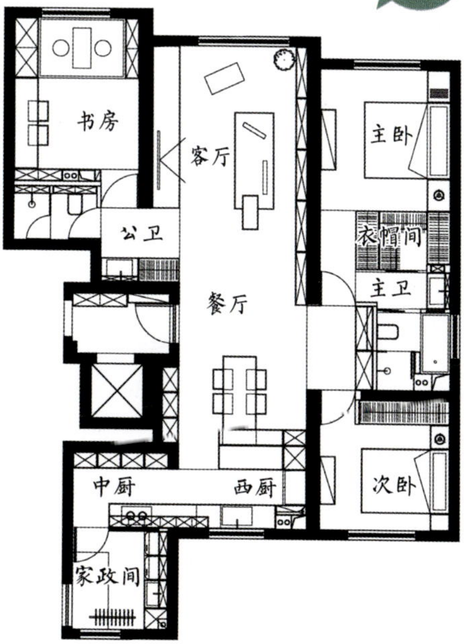

拆除全部非承重墙，盘活动线以及增加各区域的收纳空间。为了营造温馨的氛围并增强空间的层次感，我们在顶部和柜体侧面增设漫反射光源，这些光源不仅满足了照明需求，还能为空间增添柔和的光影效果。

【设计空间 1：客厅、餐厅与厨房】

◆设计细节 1：宝藏书墙与双向沙发，打造既开阔又独立的休闲空间

夫妻两人闲暇时爱好阅读，每年购书近 50 本，家里共收藏 3000 余本书籍。为了满足业主对书籍收藏的需求，设计师在客厅建造了一个“图书馆”。利用墙体打造 6400 mm × 300 mm（长 × 深）的开放式书柜，可依据书籍尺寸和类别陈列摆放。

此外，设计师精心挑选了一款设计独特的双向沙发，让它成为阅读区域与休闲娱乐区域的隐形分界线。沙发一边满足了业主翻阅书籍时的小坐需求；沙发另一边，可供业主观影及小憩，轻松实现一物多用。

同时去掉传统的茶几，放置一个移动式小推车，这样既能放大空间感，又能根据实际需求灵活调整，满足多样化的空间使用需求。

窗帘选用白色竖向柔纱帘，能随意调节遮光角度，使光线更加柔和。

业主平时很少看电视，放置 65 英寸电视机即可满足需求。在电视机下方安装悬空电视柜，便于扫地机无阻碍进出。同时弧形造型增加空间流畅感，避免磕碰。

◆设计细节 2：餐桌嵌入岛台，双重功能呈现大宅即视感

打通厨房原有的非承重墙，布置 1800 mm×800 mm（长×宽）的餐桌，并与岛台相连，满足不同人数的用餐需求。打造开放式西厨，连通餐厅、客厅，充分延伸空间，呈现大宅即视感。平时可供夫妻两人用餐使用，周末时可相邀三两好友小聚。

在吊柜下设置感应手扫灯，为烹饪提供充足照明。

◆设计细节 3：水吧台搭配收纳柜体，突破传统玄关形式

本案采用一梯一户的设计，电梯厅的空间足以满足鞋子的收纳以及快递等临时物品的存放需求，所以进门处没有设置换鞋区以及收纳空间。

入门右手边原有一处 2460 mm × 1900 mm（长 × 深）的凹槽，我们成功将它“变废为宝”，打造成水吧台以及收纳柜，充分利用每一寸空间。

【设计空间 2：公卫】

拆除进门处的非承重墙，将原公卫的洗漱台外置，不仅提高了使用率，还将卫生间打造成三分离式。在洗漱台旁放置一排衣柜，贴合业主入户后更换衣服的生活习惯以及方便衣物消杀等。

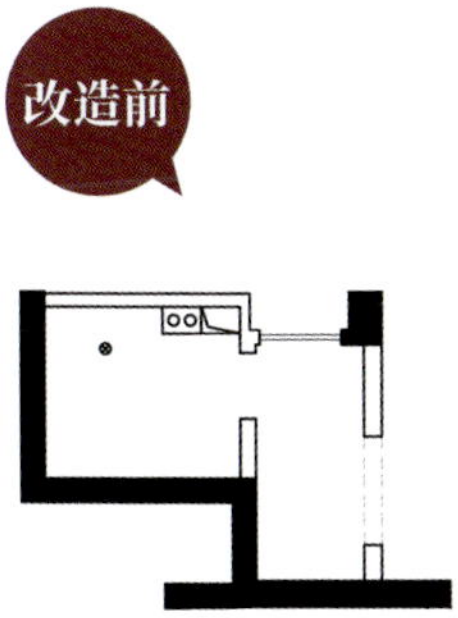

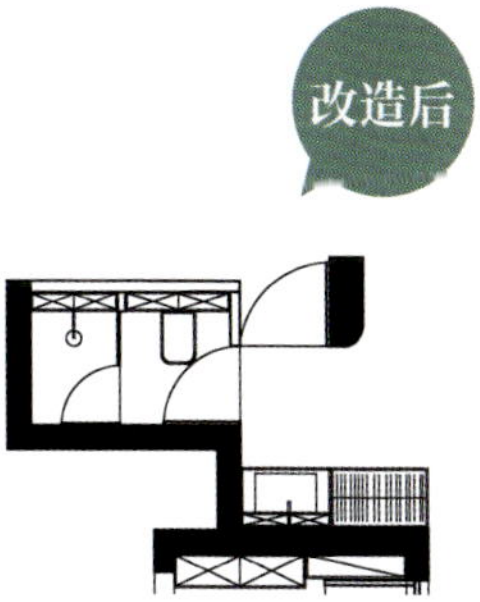

洗漱台采用半封闭式镜柜，既能满足收纳需求，又提高了使用的便捷性。

【设计空间 3：家政间】

原家政间面积过大，平时只用来清洁物品以及洗衣晾晒等，空间利用率较低。因此我们新砌一面厚度为 80 mm 的墙体，将家政间内推，扩大中厨面积，实现 4500 mm 长的台面。空间优化后，家政间虽面积减少，但增设的收纳柜足够满足分类收纳杂物的需求，也使空间更加整洁美观。

【设计空间 4：主卧】

◆设计细节 1：卧室套间三合一，告别客房式生活

床头背景墙与顶面造型交错，丰富了空间结构与立体感，内嵌灯带增加漫反射光源，打造出了明暗分明的视觉效果。

因为业主睡眠不好，考虑到该户型的隔声效果相对较差，所以我们又增加了一层隔声板，使用竖向柔纱帘搭配布帘，既阻挡光线，又能保证私密的睡眠环境。

◆设计细节 2：三分离主卫设计

重新规划主卫，三分离设计的同时增设 1500 mm × 750 mm（长 × 宽）的浴缸。在洗漱台与浴缸之间，采用磨砂玻璃进行遮挡。卫生间门采用三折长虹玻璃门，既避免了厚重墙体占用空间，又确保了空间的通透感。

主卫向内推移 430 mm，作为衣帽间，放置两组收纳柜，增加收纳空间。柜内安装多层搁板，并设置不同的高度，满足业主对各类物品的收纳需求。

由于卫生间与衣帽间仅相隔 1000 mm，为了与墙体齐平，衣帽间采用了侧推拉门的设计。

【设计空间 5：书房】

◆设计细节：日式榻榻米，打造简约冥想空间

朋友以及家人很少借住，加上业主有办公以及读书的空间需求，所以设计师将次卧改造成书房。业主很喜欢日式榻榻米，恰好靠窗区域适合做这样的设计。榻榻米垫采用了藤编工艺，整体木色家具与藤编质感搭配，营造出简约的冥想空间氛围。

在靠墙处放置 2345 mm × 600 mm（长 × 宽）的书桌，可同时满足夫妻两人的办公需求。右手边放置可调节角度的壁灯，辅助照明；左手处设计开放格，展示茶具、旅游淘来的好物、手办以及绝版漫画等。

本案亮点小结

① 拆除进门处的非承重墙，将原次卧洗漱台外置，打造三分离式卫生间；并在洗漱区旁设置一排衣柜，贴合业主入门更换整套衣服的生活习惯。

② 将原有厨房的非承重墙打通，实现 LDK 一体化，打造开放式西厨，并增加台面宽度，释放更多空间。

③ 新砌厚度为 80 mm 的墙体，将原家政间一分为二，保留家政间区域的同时，扩大中厨面积，提高空间利用率。

④ 打破客厅原有的布局，打造开放式书柜，满足业主 3000 余本书籍的收纳需求。

⑤ 借用入户处原有的凹槽位置，打造水吧台以及收纳柜，将原有空间“变废为宝”。

—— 3.5 案例 5 ——

多功能房设计，打造超大亲子空间

项目背景

房屋于 2020 年建成，建筑面积为 230 m^2，居住者是三口之家。业主希望通过设计来提升居住幸福感，装修以实用性为第一考虑要素，其次才是风格。秉持入住后方便做卫生的原则，能上墙的就不落地，避免出现卫生死角，要求设计需考虑小朋友的安全，避免出现尖锐的边角。

项目概况

地点：浙江　　面积：230 m^2　　户型：四室一厅　　居住人口：3 人

人物画像

爸爸：身高 183 cm, 职业：经营贸易公司 , 爱好：吃零食、偶尔玩玩游戏。

妈妈：身高 168 cm, 职业：烘焙师，爱好：做饭、逛超市，收纳整理，邀请朋友来家中聚餐 。

儿子：身高 110 cm，4 岁，自由、天真烂漫，是妈妈的“小跟屁虫”，爱好：户外运动。

业主需求

◎四居室改三居室，卧室不用太大，只需要满足睡觉需求。

◎小朋友这个阶段的玩具、书籍会不断增加，希望有足够的收纳空间。

◎希望新家的衣柜悬挂区和叠放区的占比为 7 ：3，满足收纳需求的同时，能留有 30% 的空余空间。

◎厨房是女主人最重视的地方，希望有中厨区、西厨区以及带水槽的大岛台。

◎对光线和声音敏感度较高，希望卧室隔声效果好，窗帘遮光性好。

◎儿童房设计要满足 4 岁小男孩未来十年的成长需求。

◎希望整体风格简约大气、温馨明亮。

设计思路

改造前

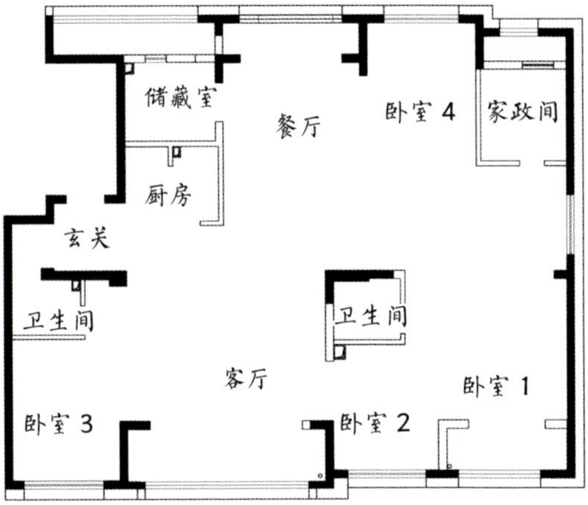

原始户型为四居室，但对一家三口来说，四间卧室比较浪费。大量非承重墙框定的房间范围不能满足业主的生活需求，储物空间不足。此外，业主希望客厅有儿童玩耍的区域，除了睡觉、吃饭，其他时间一家人可以在客厅公共区域交流互动。

改造后

结合业主的需求，设计师大刀阔斧地将四居室改为三居室，同时考虑到业主偶尔会招待家人和朋友留宿，特意将一间卧室改为多功能房。全屋储物空间有 75 m^3，储物面积占比高达 22%，解决之前储物空间不足的烦恼。

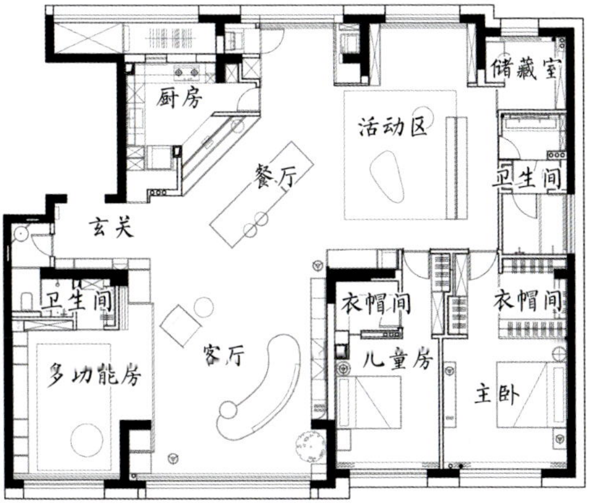

【设计空间 1：玄关】

◆设计细节：极简入户玄关，动线流畅

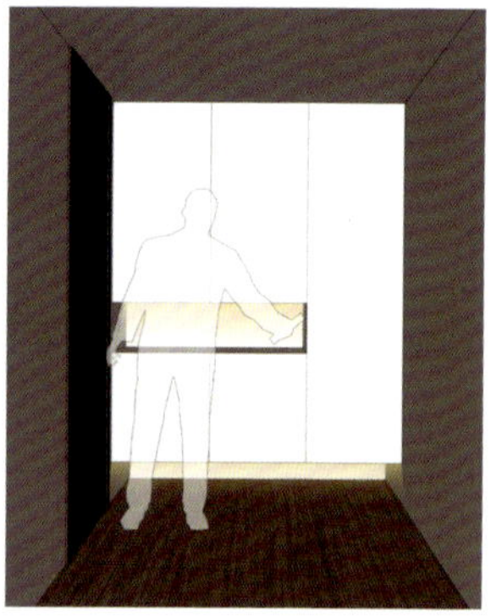

一进门便是顶天立地式鞋柜，根据鞋子用途以及高度划分为客用拖鞋、长靴以及常用鞋子等，告别遍地是鞋子的杂乱场面。

顶部采用软膜天花辅助照明，弥补玄关区域采光不足的问题，空间更显通透。夜晚归家时，感应灯带自动亮起，让入户不再手忙脚乱，既便于家庭成员使用，又能体现出一种情感关怀。

在入门左手处设置挂衣区，业主外出归来换鞋后可随手挂上脱下的衣物。鞋柜旁便是客卫，换鞋更衣后进入客卫洗手消毒，完成无尘入户。

穿过玄关到达水吧台区域，它位于整体空间的中心，距离各个功能区相对较近，喝水、泡茶都很方便。

【设计空间 2：客厅】

◆设计细节：留白但不单调，重构空间的质感与格调

全屋以纯白色与原木色为基调，搭配台灯、花盆和边几等少量深色，多了一丝沉稳，打破了空间的单调感。将阳台包进客厅，使空间愈发宽敞明亮。顶部备有软膜天花，模拟自然光，让空间不再昏暗。

整体删繁就简，将空间最大程度打开，大面积留白给予空间多重可能性，流畅的线条塑造出简约的空间格调。模糊空间边界，与家人及朋友的共处无“壁垒”。客厅是一家人的情感升温处，取消茶几后，为小朋友腾出了足够的活动空间，同时避免走动时出现磕绊。父母也可以在这里与小朋友玩耍、阅读绘本、画画以及聊天等，享受居家生活的惬意与舒适。

【设计空间 3：多功能房】

◆设计细节：打造灵活多变“斜杠”空间

多功能房可作为临时客卧、影音室、学习区。利用抬高地台的设计，将多功能房与客厅区域从视觉上进行区分。两者以联动移门相隔，彼此之间既独立又连通。空闲时将移门打开，与客厅相连，空间更显宽敞通透。

亲戚及朋友偶尔留宿时，拉上移门铺上床铺或搭上帐篷，可作为临时客卧。屋内可通向客卫，便于就近盥洗或淋浴。

一整面收纳柜收纳着小朋友的乐高、毛绒玩具，客人留宿时也有一定的储物空间放置衣物。柜体中部设计成不规则的圆形，为空间增添些许趣味，也是小朋友的乐园。

【设计空间 4：餐厅、厨房】

◆设计细节 1：传菜口设计

优化布局后，扩大厨房区域并实现中西分厨。厨房与餐厅区域之间设有传菜口，让爱与美味展现眼前。

◆设计细节 2：超宽岛台设计

平时女主人下厨较多，我们特地根据女主人身高将岛台高度定制为 900 mm，确保日常使用时不弯腰。岛台台面宽度为 1000 mm，超宽台面方便女主人日常准备美食。操作时对其他区域一览无余，能轻松观察小朋友的活动情况。岛台是厨房与餐厅的过渡带，制作完成的美食可随手传递，让家人不用多等待。

客餐厅区域都采用了弧形顶，使空间更显灵动自由。岛台台面上设置有洗手盆，便于饭前就近洗手或清洗水果，日常使用率极高。在岛台下方柜内内嵌蒸烤箱，以及收纳空气炸锅、烤盘和电饭煲等餐厨用具。在吊柜中收纳蒸烤用品、清洁用品等。

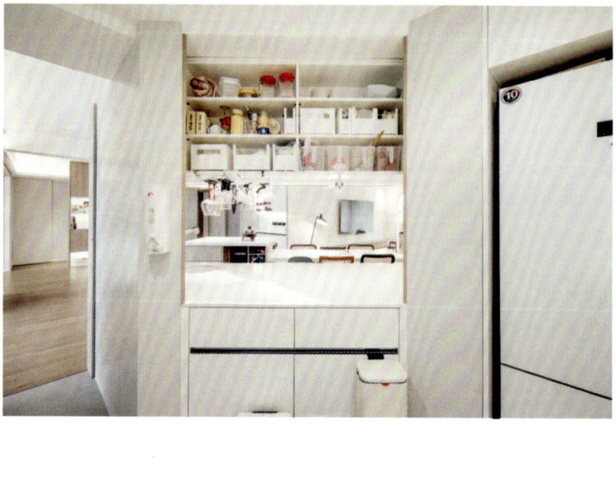

◆设计细节 3：结合女主人的烹饪习惯，搭配洄游动线，打造交互性餐厨空间

环绕“餐桌 + 岛台”的洄游动线，串联起厨房、餐厅与儿童玩耍区等，行动轨迹更加自由。餐桌与岛台实现超长台面，足以容纳 8 人以上聚餐。

女主人在岛台制作美食，孩子在自己的小天地里尽情玩耍，在同一空间下享受松弛的陪伴感。

【设计空间 5：活动区】

◆设计细节 1：拆除多余的墙体，扩大亲子互动空间

将原卧室改为小朋友的活动区，平时小朋友可在这里玩耍。特意设置玩具收纳区域，培养小朋友及时收纳的好习惯。活动区后方是主卫，收纳柜可阻隔一部分视线，保证私密性。

◆设计细节 2：增加收纳空间，享受亲子阅读时光

利用墙体自带的凹槽嵌入柜体或洗烘一体机，整体拉平墙面，将柱体悄然隐藏并增加收纳空间。

面向柱体右侧的区域为小朋友的学习区，两面书架用来收纳小朋友的绘本等。其中专门设置小卡座，方便小朋友坐着看书。家长也可以与小朋友一起阅读，享受亲子阅读时光。

◆设计细节 3：巧用空间分离术

面向柱体左侧的区域为生活阳台，设有洗手盆，便于日常清洁；柜体采用无底板设计，方便扫地机器人自由出入。另外，考虑到阳台区域留有下水管道，所以将阳台与客厅的木地板相分离，防止出现木地板浸水的情况。

【设计空间 5：主卧】

◆设计细节 1：新增步入式衣帽间

在需求沟通阶段，业主明确提出卧室不用太大，只需要满足睡觉需求即可，并且希望拥有充足的收纳空间，解决衣物不便拿取的烦恼。

秉持实用主义原则，设计师将主卧内推 2415 mm 打造步入式衣帽间，将原本无用的空间转变为高利用率的功能区，可轻松拿取衣物。

◆设计细节 2：将阳台包入主卧，改善采光

将原阳台包裹入室，室内空间向外延伸，改善采光不足并提升空间感。但屋梁无法改动，所以设计师将顶部改为弧形，与客餐厅顶部的造型相呼应，为空间增添设计感。

【设计空间 6：儿童房和卫生间】

◆设计细节 1：儿童房采用灵活可调整的家具

入门是小朋友的衣帽间，设计师根据小朋友的身高设置下层衣物挂放高度，确保小朋友可以自己挑选衣物。衣物挂放高度未来可以灵活调整，伴随小朋友成长自由升降。

儿童房的设计需要考虑小朋友的变化，随着他们的成长，功能需求也将发生变化。选择轻体量床体与柜体，留出充足空间让小朋友自由活动，也方便后期灵活调整。

◆设计细节 2：三分离式卫生间，搭配双台盆及浴缸

卫生间为三分离式，并且拥有双台盆及浴缸，提升了生活效率与幸福度。将卷纸、化妆品与洗浴用品等物品收纳于就近的储物柜中，缩短拿取动线。

本案亮点小结

① 结合业主需求将四居室变三居室，优化空间布局，解放“鸡肋”空间。

② 拆除非承重墙，打造客餐厅一体超大空间，同时打造亲子互动空间并延伸空间视觉感。

③ 厨房与餐厅之间设有传菜口，动线流畅。

④ 重塑空间后，为小朋友打造专属“游乐王国”，为空间注入温馨氛围。

⑤ 在主卧与儿童房内设计开放式、步入式衣帽间，充分满足衣物收纳需求。

—— 3.6 案例 6 ——

挑空客厅搭配悬浮楼梯，令人悠闲舒适

项目背景

家的原始形态为一手的毛坯房，于 2020 年建成，位于 49 层楼的第 19 层，是一梯一户的复式结构，需要自己搭板，搭板后一楼的建筑面积约 100 m^2，二楼位于客厅上方，建筑面积约 40 m^2。这将是小夫妻未来的家，业主计划做三居室，但户型有诸多缺陷，比如开门后可以直接看到客厅。

项目概况

地点：长沙　　面积：140 m^2　　户型：三室一厅　　居住人口：2 人

人物画像

男主人：身高 165 cm，职业：电商从业者，爱好：打游戏、收藏漫画。

女主人：身高 163 cm，职业：电商从业者，爱好：网购、看电影、看书、练钢笔字、健身。

2 只可爱的小猫。

业主需求

◎和家人住得近，平时会过来一起做饭、吃饭，日常为 5 人用餐。

◎一部分时间去公司办公，另一部分时间在家办公，需要两人同时办公的空间。

◎设计不要太极简，以免稍微不打理，整个空间就会杂乱不堪。

◎主要娱乐活动时间都在晚上，猫猫也有可能会在半夜奔跑打闹，要解决隔声问题。

◎设计出一个宠物空间。

◎视觉效果开阔通透，客厅空间要大，主要用来娱乐放松。

设计思路

原户型餐厅位置位于动线交汇处，使用不便。客厅和一层卧室及厨房呈错位状态，形成一条大走廊，造成空间浪费。业主希望通过设计，将这条长廊优化成一个舒适、美观的画廊或者一个漂亮的灯光带，把户型的缺陷变成特色。

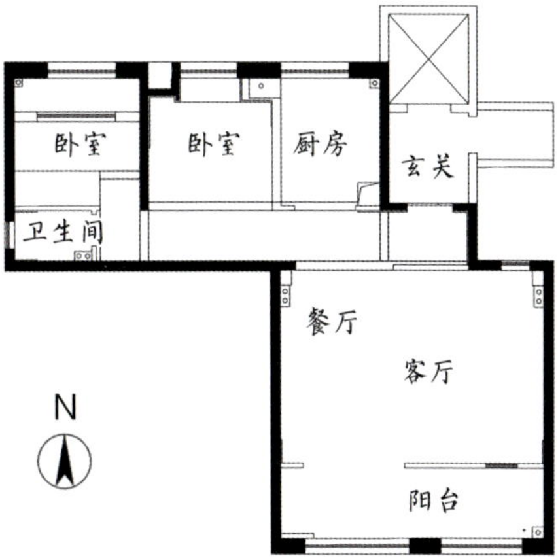

一层平面图

改造前

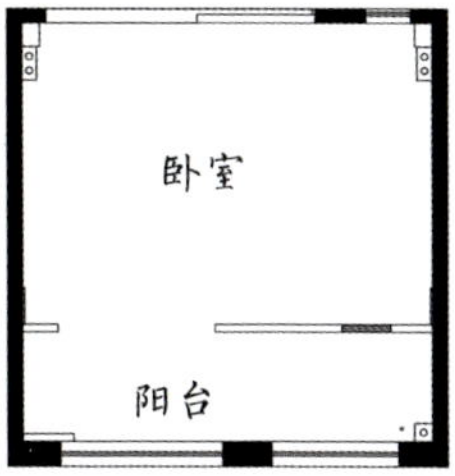

二层平面图

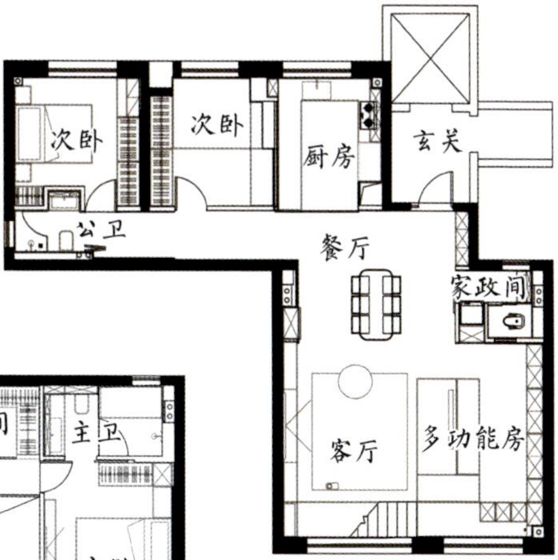

一层平面图

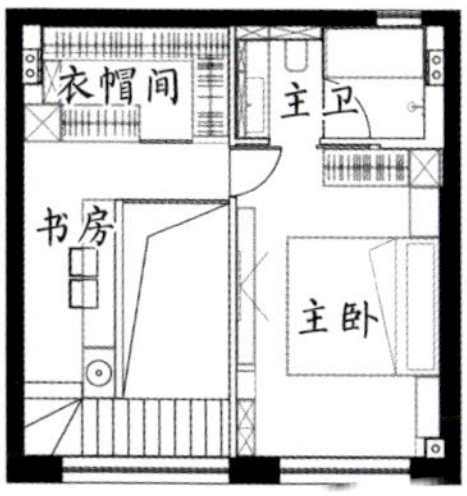

二层平面图

改造后

拆除所有的非承重墙体，重塑空间，使得整体通透明亮，富有温馨感。另外设计充足的收纳空间，并预留儿童的成长空间，发掘家的更多可能性，规划出一个可成长、美观又实用的理想家。

【设计空间 1：玄关】

◆设计细节：入户动线清晰流畅，轻松开启居家模式

本案为一梯一户的房型，门外可进行换鞋以及收纳日常鞋子。

进门左侧为顶天立地式玄关柜，用于收纳小物件、拖鞋以及外套等。新砌墙体后，打造入户洗手消毒区以及家政区。在靠走廊窗口处设置隐蔽的独立家政间，动线合理，也使家务操作更加简便，极大地提高了做家务的效率。

换鞋、脱外衣、将脏衣入篓、洗衣烘干、洗手消毒，在约 4 m^2 的空间里完成一系列动作，轻松开启居家模式。

【设计空间 2：客厅、餐厅与厨房】

◆设计细节 1：客餐厅一体与办公区，轻松盘活两条洄游动线

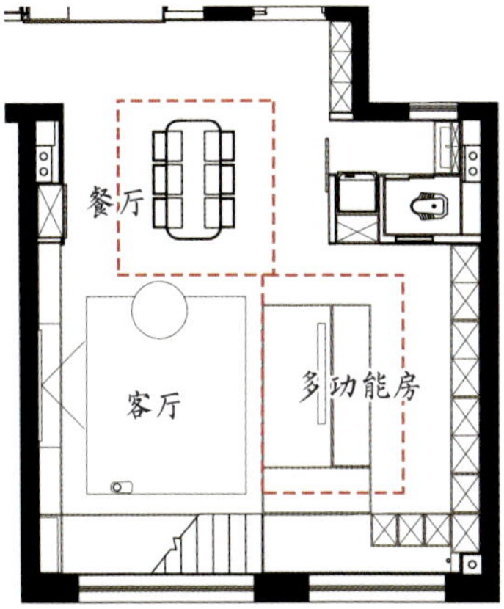

优化格局后，两条洄游动线串联起各大功能区，视觉空间也得以延伸。

第一条洄游动线——围绕餐桌，串联起玄关、洗手区、客厅、厨房以及零食收纳区等。

餐厅上方为两处新风口与回风口的集合处，加以木饰面进行装饰，营造出温润的空间感。两侧采用对称设计，打造出有序平衡之美；采用柔和的漫反射灯具，满足餐桌照明需求的同时，也能照亮整个客餐厅空间。

设置 760 mm × 410 mm（长 × 深）餐边零食柜，设置移门，与对面洗衣间移门呼应，强调了空间的整体性。这里堪称是“家庭版零食铺”，各种美味小吃应有尽有。

第二条洄游动线——围绕沙发和办公桌，串联起沙发区、办公区、休闲区以及收纳区。

尺寸为 2485 mm × 600 mm（长 × 宽）的办公桌面朝客厅，不仅能满足两人同时办公的需求，还能实现业主边办公边看电视的诉求。在办公桌后方布置长度为 4835 mm 的收纳柜，收纳办公用品、书籍以及猫粮等，分区高效，易于收纳，轻松让台面空无一物。

◆设计细节 2：双层大玻璃搭配挑空客厅

客厅挑空，将上下两层贯通，能延展视觉纵深感，让人身处不同的空间也能有所互动。双层大玻璃让阳光无阻隔地洒在层次错落的空间中，收获“1+1 > 2”的采光效果。

客厅处还专门布置了猫咪的活动区，2 只猫咪可顺着猫爬架去往二层，但“一身反骨”的猫咪们从未爬上去过。

◆设计细节 3：两扇玻璃移门让空间更通透

厨房与餐厅相邻，餐厨动线流畅。夫妻两人尤其爱吃辣，平时炒菜主要使用酱油、盐和辣椒“三件套”，且以爆炒居多，因此采用黑框隐形玻璃推拉门，推开后不仅可以完全隐入墙体，关上门后还能隔离油烟。

厨房呈 U 形布局，冰箱收纳区、烘焙区、备餐区、清洗区以及爆炒区各自独立，动线流畅，不用多走一步路。长度为 3380 mm 的超长橱柜将厨房用品完美隐藏在柜体内部，实现台面零杂物。

【设计空间 3：多功能房】

◆设计细节 1：满足各种需求的交互休闲空间

多功能房与厨房之间以雾化玻璃相隔，不仅搭配出了未来生活场景，还赋予了空间多变的功能属性，增强了空间的互动性和体验感。因面积限制，选用窗帘将会导致空间更加拥挤，所以设计师改用日夜蜂巢帘，实现一帘两用、灵活调节光的效果。

房间内置榻榻米，这里可以作为舒适的休闲区域，供家人或朋友喝茶、聊天，享受悠闲的时光。亲友留宿时，又可以迅速转换为客房，无需额外安排住宿空间。

榻榻米的收纳功能也是一大亮点。自带的四个抽屉可以存放各种杂物，使房间保持整洁有序。未来如果有小朋友，抽屉里可以放置玩具，方便随时拿取。翻板内的收纳空间则更为实用，可以放置取暖设备以及过季的被褥等，既节省了空间，又便于在需要时快速取用。

榻榻米床尾的书桌设计也非常人性化。这样的布局使得休息区与办公区可以无缝切换，无论是写文件、查资料还是进行其他办公活动，都可以在这里轻松完成。

◆设计细节 2：打造猫猫专属空间

在通往次卧与公卫的走廊设置猫猫专用区，方便猫猫进食与上厕所，且临近卫生间，便于日常清洁。墙上设置了一面洞洞板，收纳小物品，拒绝隐形空间的浪费。

【设计空间 4：次卧】

◆设计细节：隐形门与墙体内推双重巧思

打开隐形门进入次卧，一入门便被绿色的墙面所打动，治愈又充满艺术感。

将次卧部分墙体内推 500 mm，与公卫的分隔形成 S 形墙体，给淋浴间与洗漱区留出空间。内推墙面以木饰面装饰，与衣柜融为一体。衣柜内部可收纳衣物、换季床品以及收纳盒等。

【设计空间 5：二层四大功能区】

打造出二层后，成功拥有 40 m^2 超大空间，空间大不等于可以浪费，设计师根据业主的需求打造了四大功能区——书房、衣帽间、主卧以及主卫。

◆设计细节 1：悬浮式楼梯设计

悬浮式楼梯为空间增添些许轻盈感与趣味感。将绳索作为楼梯护栏，能纵向延伸视觉，最大化引入采光，实用与颜值兼备。

◆设计细节 2：书桌与收纳柜设计

定制长度为 3275 mm 的超长书桌作为办公桌，可供家人办公或者孩子写作业。在走廊处安置收纳柜，分为长衣区、短衣区以及小家电区等。衣物按照长短分类悬挂放置，拿取方便。

◆设计细节 3：衣帽间设计

由隐形门进入衣帽间，业主将衣物分区挂放，确保寻找衣物时一目了然。顶部放置当下利用率不高的物品，例如过季被褥和大件衣物等，减轻卧室内的衣柜负担。

◆设计细节 4：主卧空间设计

主卧背景墙依旧采用绿色，能增添空间层次感与高级感。细腻的竖向纹理的延展，赋予空间延伸感。局部墙体使用玻璃代替，增加轻盈感与通透感，引入自然光的同时又可观察外部空间。

床体旁设计了 1050 mm 长的置物台，无论是躺在床上休息还是坐在床边阅读，都能轻松地将手机、书籍或小物品等放置其上。

主卧与主卫之间以口袋移门相分隔，门可直接推入墙内，留给过道更多的空间。

洗漱区采用可丽耐一体盆，台面与洗手盆浑然一体，便于日常清洁。淋浴区与洗漱区、坐便器区采用玻璃门作为隔断，实现干湿分离，避免洗澡时打湿其他区域。

本案亮点小结

① 新砌墙体打造入户清洗区与家政区，动线清晰流畅，实现无尘入户。

② 打造两条洄游动线，盘活客餐厅，串联起各大功能区，使空间自由通透，具有呼吸感。

③ 结合业主的饮食情况，打造半开放式厨房——既可锁住油烟又能实现互动。

④ 搭建二层并规划出四大功能区，满足业主期望拥有衣帽间的需求。

⑤ 在各区域内布置充足的收纳空间，极致利用空间，轻松实现台面“零”杂物。

—— 3.7 案例 7 ——

小户型必看，84 m^2 二手房，秒变杂志里的家

项目背景

本案的居住者是一对夫妻，喜爱烹饪、逛展览、深度打扫房间，还养着 3 只小泰迪狗。他们既追求生活的美学，又极其关注生活的细节。房屋是建于 2004 年的二手房，自带的装修距今有 20 年，设计早已过时。他们选择再次装修，将此处变为他们心中的质感舒适家。

项目概况

地点：北京　面积：84 m^2　户型：两室一厅　居住人口：2 人

人物画像

男主人：身高 173 cm，职业：自由职业，爱好：看电影、看足球比赛、看世界一级方程式锦标赛（F1）、钓鱼、喝茶。

女主人：身高 153 cm，职业：家居媒体从业者，爱好：在家看电影、看电视剧、喝咖啡、喝茶、网购。

3 只可爱的狗狗。

业主需求

◎需要有一定的收纳空间，希望屋里看上去空旷一些。

◎喜欢收集各种好看的海报、卡片、笔记本、文具，喜爱隐藏式收纳。

◎考虑半开放式厨房，将餐厅和厨房合并为一个整体，但要避免油烟对墙面等位置造成影响。

◎喜欢中性、有质感一些的装修风格。

◎入门处需要换鞋、放包包和钥匙、挂外套和雨伞等，最好可以有换鞋凳，平时还会有快递，但尽量不要让门口显得拥挤。

◎客厅日常仅 2 人使用，可能会靠在或躺在沙发上看电视。

设计思路

改造前

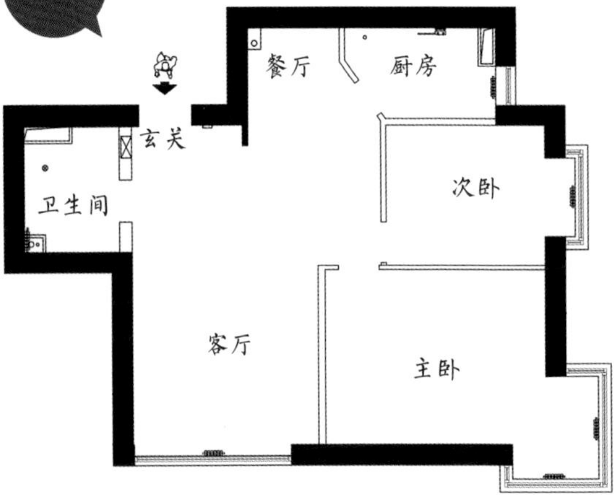

房屋格局良好，各功能区划分明确，整体格局较为合理，不需要大改动。男主人喜欢在家做饭，希望厨房宽敞、开放。他日常会囤各种饮品，需要增加储物空间，将物品藏起来。

改造后

为了满足业主的需求，设计师精心优化了空间格局，将原有的封闭式厨房改造为开放式厨房，并将其外移。这样一来，餐厅与厨房紧密相连，形成了流畅的用餐动线，极大地提升了居住体验。设计师成功地为业主打造出了一个既美观又实用的高品质住居空间。

【设计空间 1：玄关】

◆设计细节：入户即见收纳，打造完美储物空间

原进门处仅有一组矮柜，用于放置随手小物件，入户收纳需求难以满足。根据业主的生活习惯，设计师在入门处增加鞋柜及衣柜，将衣物成功藏起来。

在入门右侧布置一面换衣镜，便于出门前整理衣物。在左侧定制深度为 320 mm 的顶天立地式鞋柜，日常穿着的鞋子都可收纳其中。在开放格中内置感应灯带，确保业主深夜回家也有“陪伴”。在柜体另一面布置 730 mm 长的衣帽柜，主要放置次净衣以及包包、行李箱等。

【设计空间 2：客厅】

◆设计细节 1：微调墙体，空间瞬间扩容

为打造超出业主期望的宽敞客厅，设计师将墙体向主卧内推 200 mm，从而为空间扩容。漫反射灯带的设置，增加了空间氛围，也赋予空间层次感。采用茶几、边柜和书柜等小体量的家具自由组合，空间在视觉上更显轻盈。

◆**设计细节 2：软硬装结合，打造简约大气风格**

空间以黑白配色为主，搭配棕色，低调简约，消解了呆板感、压抑感，为空间增添了些许趣味。沙发选用一字形，并搭配单椅，节省空间。未来也可根据生活场景再随意调整。

【设计空间 3：餐厅、厨房与家政间】

◆**设计细节：餐厨收纳，细节之处见真章**

原餐厨空间呈不规则形状，空间有些浪费。厨房为封闭式，空间狭小，做饭舒适度很低。改造后，设计师将厨房外移并设计为开放式，与餐厅相连，内部还能做出一个家政间。

改造前

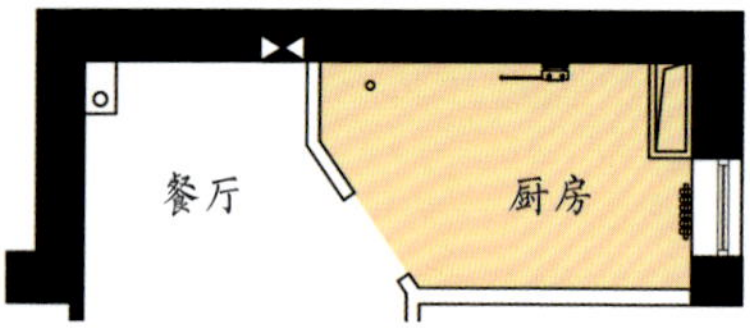

优化空间布局后，不仅使用餐动线更加流畅，还使空间更显开敞明亮。

顶部灯带既可辅助照明，又隐形划分了餐厨区域。小巧的餐桌平时大多时间是夫妻两人使用，是两人世界的最佳选择。

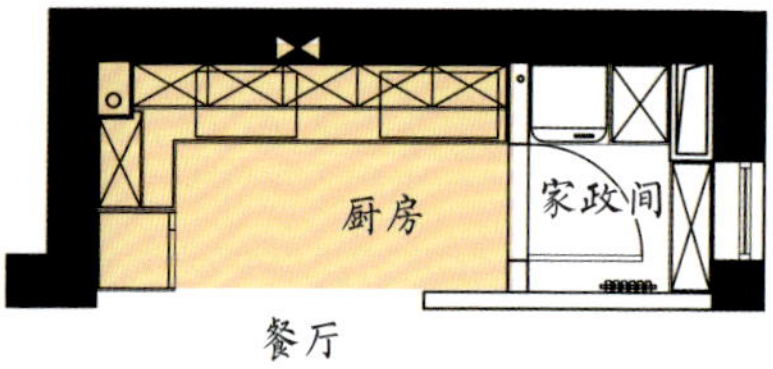

改造后

餐边柜既可满足餐厅区域的收纳需求，又兼做水吧台。同时，在餐边柜上方设置轨道插座，便于使用咖啡机和净水器等小型电器。

根据烹饪习惯，合理设计厨房，避免下厨时手忙脚乱。从冰箱拿取食材、清洗、备菜、炒菜，操作动线流畅，使用舒适度大幅度提升。根据下厨操作动线和物品使用频率，就近安排收纳空间。

伴随杂物数量的逐渐增多，储物间也是业主期望清单中的重要一项。将厨房外移后，新增 2.3 m^2 家政间，设置储物区和洗衣区，可将洗衣机以及杂物收纳其中。并设置长虹玻璃门，增加厨房的采光量。

橱柜对面留有宽度为 240 mm 的空间，不加以利用便会成为“鸡肋”空间，稍加思考则秒变“宝藏”空间。此处正好放置调料架，靠近炒菜区，业主一转身就能拿取到。

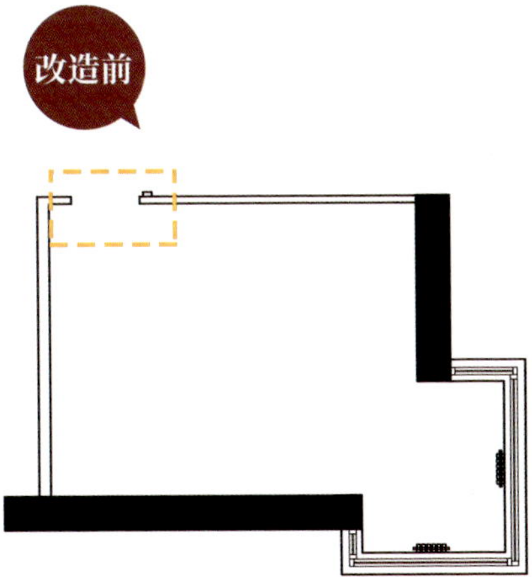

【设计空间 4：主卧】

◆设计细节：改变房门方向，轻松获得收纳区

为合理增加卧室内的收纳空间，设计师将主卧房门调转方向，由面向餐厅区域改为由客厅进入，在入室左侧设计长度为 4 m 的超长收纳空间。

长度为 4 m 的超长白色柜门与墙面融为一体，实现自动“隐形”。衣柜外观朴实无华，内部储存量惊人。根据业主需要储存的物品，分类设置收纳空间，巧妙放置衣物。

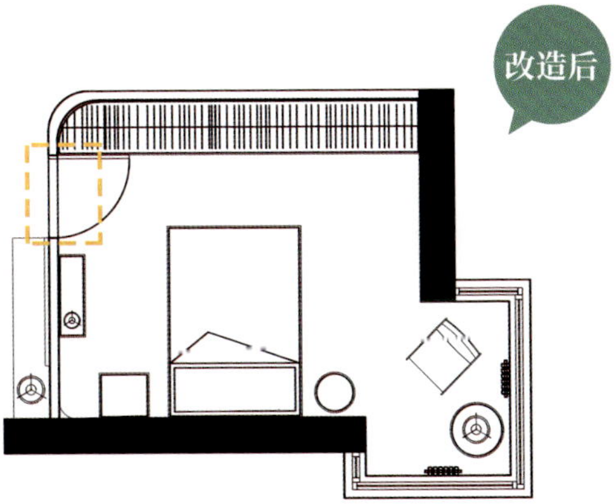

为便于夫妻两人睡前阅读，设计师特意在床两侧布置床头柜和阅读灯，并预留插座，便于日常充电。靠窗处是业主发呆、晒太阳的好去处，窝在休闲椅上，让时间“慢下来”。

【设计空间 5：卫生间】

◆设计细节：干湿分离卫生间，省心又实用

卫生间延续黑白色调，简约、干净且更具质感。洗漱区设置镜柜、抽屉柜和高柜等多样收纳空间，物品可有序储存，台面轻松实现“空无一物”。淋浴间用玻璃门与干区相隔，实现干湿分离。

本案亮点小结

① 将卧室墙体内推约 200 mm，增加客厅区域的面积，空间更显开阔。

② 把原厨房外移，新建家政间；厨房由封闭式变开放式，餐厨空间相连，用餐动线流畅。

③ 将主卧房门由面向餐厅区改为从客厅进入，从而可在卧室内定制 4 m 长的衣柜。

④ 卫生间采用干湿分离，并布置镜柜、抽屉柜以及高柜等收纳洗漱用品。

⑤ 全屋选用黑白配色，线条利落简洁，使得空间更具质感。

结束语

每个人都有自己的一方天地，无论大或小，都不能影响生活的幸福感。只有置身于令人倍感舒适的空间，才是真正的美好。

空间是有限的，但在有限的空间内我们不必再去设限。尽管我们受一些其他因素的干扰，比如考虑日后抚养孩子和赡养老人等，难以突破自身的局限，却能站在边界上思索与洞察，让内心的空间无限拓展。我不希望为家设限，使其每个区域都有固定的功能，这种划分少了些温度，就像是收纳盒里的一个个小格子。没有太多的限制，才有更多的可能。各个空间都像无数延伸着的线，交织缠绕在一起，不可分割，每一个地方都可以窝上一整天。

家，是充满故事与情感的空间。每个角落都镌刻着回忆，承载着个人的志趣与梦想，它们如同拼图般，塑造出了独一无二的个体。

生活，本就是一场寻找自我的旅程。总有一物能将我们从现实中解救出来。在奔赴心之所向的山川湖海时，我们竭力寻找方法。或许空间风格迥异，但始终蕴藏着自在生活的真谛。它不仅代表了技术上的精细化设计，还呈现出充满纯粹且美好的生活。

希望本书能触动更多共鸣者的心弦，唤起对生活的热爱与向往。

王恒

2025 年 3 月